职业教育学前教育专业新形态教材

学前心理学

主编 吴媛媛 苏倩

重庆大学出版社

图书在版编目（CIP）数据

学前心理学 / 吴媛媛, 苏倩主编. -- 重庆 : 重庆
大学出版社, 2021.8
职业教育学前教育专业新形态教材
ISBN 978-7-5689-2754-3

Ⅰ．①学… Ⅱ．①吴… ②苏… Ⅲ．①学前儿童—儿
童心理学—职业教育—教材 Ⅳ．①B844.12

中国版本图书馆CIP数据核字（2021）第116326号

职业教育学前教育专业新形态教材

学前心理学

XUEQIAN XINLIXUE

主编　吴媛媛　苏　倩

策划编辑：张菱芷

责任编辑：陈　曦　　装帧设计：张菱芷

责任校对：谢　芳　　责任印制：赵　晟

*

重庆大学出版社出版发行

出版人：饶帮华

社　　址：重庆市沙坪坝区大学城西路21号

邮　　编：401331

电　　话：（023）88617190 88617185（中小学）

传　　真：（023）88617186 88617166

网　　址：http://www.cqup.com.cn

邮　　箱：fxk@cqup.com.cn（营销中心）

全国新华书店经销

重庆荟文印务有限公司印刷

*

开本：889mm×1194mm　1/16　印张：7.75　字数：226千

2021年8月第1版　　2021年8月第1次印刷

ISBN 978-7-5689-2754-3　定价：52.00元

编委会

主　编：吴媛媛　　苏　倩

副主编：翟柏丽　　周莉俐

参　编：袁孟林　　戴珂欣

Preface

前言

随着中国基础教育改革进程的不断推进，作为基础教育开端的学前教育备受教育与心理学研究者关注。面对学前教育学领域、学前心理学领域所发生的巨大变化，众多幼儿园课程改革方案的推出，不少工作在幼儿教育第一线的教师，感到无所适从。实际上，无论教育改革的哲学取向是什么，无论当前盛行的是何种派别的幼儿教育理论，是瑞吉欧的方案教学，还是尼莫等人的生成活动，或是蒙台梭利教学法等，身处变革中的幼儿教师，需要科学地了解幼儿学习的特点与规律，掌握有效的教学方法与策略，对幼儿教育心理学的理论与实践有更为清醒、透彻的认识。为此，有必要学习学前教育心理学这门新兴学科。

本书紧密结合《教师教育课程标准（试行）》《幼儿园教师专业标准(试行)》《3~6岁儿童学习与发展指南》和《幼儿园教育指导纲要》等国家政策、文件的精神，在充分借鉴国内外优秀学前教育研究成果的基础上，在对我国学前教育特点与规律进行分析的前提下，由具有丰富学前心理学教学经验的教师完成。本书编写时遵循"必需、够用"原则，突出"理念先进，实践取向"，将学前教育学科前沿知识、幼儿教育优秀案例融入其中，通过讲、演、练、思的教学模式训练学生的专业思维和专业实践操作能力。

《学前心理学》这本书一共分为11个单元，其中包括：绪论、学前儿童心理发展的概况、学前儿童的注意、学前儿童的感觉和知觉、学前儿童的记忆、学前儿童的想象、学前儿童的思维、学前儿童言语的发展、学前儿童的情绪和情感、学前儿童的社会性、学前儿童心理发展学说。

本书一方面突出了基础性的特点，各章内容的组织以学前儿童心理发展的基础知识和基本理论为主线，为形成正确的儿童观、教育观奠定了坚实的理论基础；另一方面，突出了实践性的特点，本书的编写密切联系学前儿童教育的实践，将儿童心理发展的理论问题融入教育实践之中，强化学生应用能力的培养。此外，本书还适当吸收了近年来学前儿童心理发展研究的新成果，增强了本书的适用性和时代特色。本书可作为高等院校学前教育专业教材，也可作为幼儿教师、幼儿园园长培训教材，同时还可供广大学前教育工作者作为参考书使用。

　　学习学前心理学有助于了解幼儿心理的特点，走进童心世界与幼儿在一起，能否科学有效地指导幼儿活动，其前提之一就是要了解幼儿的心理特点。幼儿教育的对象是处于幼儿阶段的孩子，他们的心理活动是非常有趣而且独特的。

编　者

2021年3月

《学前心理学》教学安排

课程学分：4学分
课程总学时：64学时
课程性质：专业必修课程
建议修读学期：第一学期
适用专业：学前教育专业

1 课程目标

1）总体目标

（1）使学生初步掌握从事幼儿教育工作所必需的心理学基本理论和基本知识；

（2）掌握学前儿童心理发展特征、规律和品质；

（3）初步形成运用学前心理学知识去分析和解决在教育幼儿过程中所遇到的实际问题的能力，热爱幼儿，对幼儿教育工作感兴趣，进而树立热爱幼教事业的专业思想。

2）具体目标

具体目标	内 容
知识目标	• 课程是学前教育专业核心课程，课程旨在使学生通过学习，了解学前儿童心理学中涉及的基本概念，能识记其中的一级概念、二级概念和部分重要的三级概念； • 理解学前儿童心理学研究的基本方法、理论； • 能描述学前儿童心理现象发展的规律、特点、品质。
能力目标	• 让学生初步掌握从事幼儿教育工作所必需的心理学基本理论和基本知识，初步形成运用学前心理学知识去分析和解决在教育幼儿过程中所遇到的实际问题的能力，热爱幼儿，对幼儿教育工作感兴趣，进而树立热爱幼教事业的专业思想。
素质目标	• 掌握学前心理学基础理论知识 • 富有耐心和责任心，细心 • 具有探究能力和创造精神 • 激发积极健康的阳光心态

2 课程地位

"学前心理学"是学前教育专业基础课程，是幼儿教师资格证考试的必考科目。课程是儿童发展心理学的重要组成部分，包括儿童心理发展的基本理论和一般规律,各年龄段学前儿童心理过程、个性特征以及社会发展特点。

3 教学目标

	单元目标	主要内容	重难点	理论学时	实践学时
单元1 绪论 （6学时）	知识目标： 　1. 理解学前心理学的研究对象； 　2. 学前心理学的研究意义； 　3. 掌握研究学前儿童心理的方法 技能目标： 　1. 初步尝试学前心理学中几种常用的科学方法； 　2. 对研究方法下收集的数据能有基本的科学、客观、辩证的解读、分析能力 情感目标： 　培养学生对学科的兴趣	1. 学前心理学的研究对象； 　2. 学前心理学的研究意义； 　3. 研究学前儿童心理的方法	重点： 　1. 学前儿童心理发展的研究对象和研究学前心理学的方法； 　2. 学前儿童心理发展的研究意义 难点： 　1. 掌握并运用研究学前心理学的方法； 　2. 对研究方法下收集的数据能有基本的科学、客观、辩证的解读、分析能力	4	2
单元2 学前儿童心理发展的概况 （6学时）	知识目标： 　1. 认识人的心理的本质； 　2. 理解学前儿童心理发展的趋势； 　3. 掌握学前儿童心理发展的基本特点； 　4. 掌握学前儿童心理发展的重要概念； 　5. 理解并掌握影响学前儿童心理发展的主要因素 技能目标： 　1. 根据实验或观察初步尝试运用所学理论知识进行相关心理分析； 　2. 将相关理论知识运用到教育活动中 情感目标： 　培养对学前儿童的喜爱	1. 人的心理的本质； 　2. 学前儿童心理发展的趋势； 　3. 学前儿童心理发展的基本特点； 　4. 学前儿童心理发展的重要概念； 　5. 影响学前儿童心理发展的主要因素	重点： 　根据实验或观察初步尝试运用所学理论知识进行相关心理分析 难点： 　将相关理论知识运用到教育活动中	5	1

续表

	单元目标	主要内容	重难点	理论学时	实践学时
单元 3 学前儿童的注意（6学时）	知识目标： 　1. 理解注意的相关概念及其内容、种类和特征； 　2. 理解学前儿童教育中存在的注意相关问题和现象 技能目标： 　如何在教育活动中防止学前儿童注意力分散 情感目标： 　1. 具备育人的教养能力，为幼儿的发展提供适合的外部环境和心理环境； 　2. 培养耐心、细心的品质特征	1. 注意的概述； 2. 学前儿童注意的发展； 3. 注意规律在幼儿园活动中的应用	重点： 　理解注意的相关概念及其内容、种类和特征 难点： 　如何在教育活动中防止学前儿童注意力分散	4	2
单元 4 学前儿童的感觉和知觉（6学时）	知识目标： 　1. 理解感知觉相关概念、种类、特点； 　2. 了解学前儿童观察力的发展和培养方式 技能目标： 　1. 指导儿童观察活动； 　2. 运用感知规律，在教学实践中设计教案，提高教学效果 情感目标： 　1. 具备育人的教养能力，为学前儿童的发展提供适合的外部环境和心理环境； 　2. 培养耐心、细心的品质特征； 　3. 树立积极进取的价值观； 　4. 掌握学前儿童心理特点和规律，做好学前儿童教育工作	1. 感觉和知觉的概述； 2. 学前儿童注意的发展； 3. 感知规律的具体内容	重点： 　1. 学前儿童感知发展的主要特点； 　2. 感知觉规律在学前儿童教学中的应用 难点： 　1. 指导儿童观察活动； 　2. 运用感知规律，在教学实践中设计教案，提高教育效果	4	2

续表

	单元目标	主要内容	重难点	理论学时	实践学时
单元5 学前儿童的记忆 （6学时）	知识目标： 　1. 理解记忆的概念、种类及特征； 　2. 理解记忆和遗忘的规律； 　3. 掌握记忆的品质； 　4. 了解学前儿童记忆的发展规律 技能目标： 　能够依据学前儿童的记忆特点教育和培养学前儿童 情感目标： 　1. 具备育人的教养能力，为学前儿童的发展提供适合的外部环境和心理环境； 　2. 培养耐心、细心的品质特征； 　3. 树立积极进取的价值观； 　4. 掌握学前儿童心理的特点和规律，做好学前儿童教育工作	1. 什么是记忆； 2. 记忆的过程； 3. 记忆的品质； 4. 记忆的特征； 5. 学前儿童记忆的发展； 6. 学前儿童记忆力的培养	重点： 　1. 理解记忆的概念、种类及特征； 　2. 掌握记忆的品质； 　3. 理解记忆和遗忘的规律； 　4. 了解学前儿童记忆的发展规律 难点： 　能够依据学前儿童的记忆特点教育和培养学前儿童	4	2
单元6 学前儿童的想象（6学时）	知识目标： 　1. 理解想象的概念、种类、功能及特征； 　2. 了解学前儿童想象的发展规律 技能目标： 　能够依据学前儿童的想象特点教育和培养学前儿童 情感目标： 　1. 具备育人的教养能力，为幼儿的发展提供适合的外部环境和心理环境； 　2. 培养耐心、细心的品质特征； 　3. 树立积极进取的价值观； 　4. 掌握学前儿童心理的特点和规律，做好学前儿童教育工作	1. 什么是想象； 2. 学前儿童想象的发展与培养	重点： 　1. 理解想象的概念、种类、功能及特征； 　2. 了解学前儿童想象的发展规律 难点： 　能够依据学前儿童的想象特点教育和培养儿童	4	2

续表

	单元目标	主要内容	重难点	理论学时	实践学时
单元 7 学前儿童的思维（6 学时）	知识目标： 　1. 理解思维的概念、种类、功能、品质及特征； 　2. 了解学前儿童思维的发展规律 技能目标： 　能够依据学前儿童的思维特点教育和培养学前儿童 情感目标： 　1. 具备育人的教养能力，为学前儿童的发展提供适合的外部环境和心理环境； 　2. 培养耐心、细心的品质特征； 　3. 树立积极进取的价值观； 　4. 掌握学前儿童心理的特点和规律，做好学前儿童教育工作	1. 思维的概述； 2. 学前儿童思维的发展与培养	重点： 　1. 理解思维的概念、种类、功能、品质及特征； 　2. 了解学前儿童思维的发展规律 难点： 　能够依据学前儿童的思维特点教育和培养儿童	4	2
单元 8 学前儿童言语的发展 （6 学时）	知识目标： 　1. 掌握学前儿童语言发展的规律； 　2. 掌握儿童口语发展的规律和特征； 　3. 理解学前儿童语言功能的发展 技能目标： 　1. 在基础理论的基础上，针对幼儿园发展的特点，改革教学组织； 　2. 能够掌握指导幼儿正确发音和书面语言的一些方法 情感目标： 　1. 具备良好职业道德，具有职业热情和爱心； 　2. 树立正确的儿童观，运用先进的教学理念指导儿童语言发展	1. 言语的概述； 2. 学前儿童言语的发展表现； 3. 学前儿童言语功能的发展； 4. 学前儿童语言能力的培养	重点： 　1. 掌握学前儿童语言发展的规律； 　2. 掌握儿童口语发展的规律和特征； 　3. 理解学前儿童语言功能的发展 难点： 　1. 在基础理论的基础上，针对幼儿园发展的特点，改革教学组织； 　2. 能够掌握指导儿童正确发音和书面语言的一些方法；	4	2

续表

	单元目标	主要内容	重难点	理论学时	实践学时
单元9 学前儿童的情绪和情感 （6学时）	知识目标： 　1.理解学前儿童情感和情绪的概念、种类和对学前儿童的重要意义； 　2.理解学前儿童情感和情绪发展的一般趋势 技能目标： 　能够指导、疏导不良情绪，引导积极情绪情感 情感目标： 　有意识地培养自己的情商，培养儿童的情商	1.情绪和情感的概述； 　2.学前儿童情绪情感的发展及培养	重点： 　1.理解学前儿童情感和情绪的概念、种类和对学前儿童的重要意义； 　2.理解学前儿童情感和情绪发展的一般趋势 难点： 　有意识的培养自己的情商，培养儿童的情商	4	2
单元10 学前儿童的社会性 （6学时）	知识目标： 　1.理解学前儿童社会性的相关概念、种类和对学前儿童的重要意义； 　2.理解学前儿童重要社会关系、性别角色、社会行为发展的一般趋势 技能目标： 　能够利用相关理论培养学前儿童社会性的发展 情感目标： 　1.具有职业热情和爱心； 　2.关注每一位学前儿童的发展，做好学前儿童教育工作； 　3.具备良好的职业道德，具有职业热心和耐心、爱心	1.社会性的概述； 　2.学前儿童的亲子交往； 　3.学前儿童的同伴交往； 　4.学前儿童的师幼交往； 　5.学前儿童的性别角色行为； 　6.学前儿童的社会性行为	重点： 　1.理解学前儿童社会性的相关概念、种类和对学前儿童的重要意义； 　2.理解学前儿童重要社会关系、性别角色、社会行为发展的一般趋势 难点： 　能够利用相关理论培养学前儿童社会性的发展	4	2

续表

	单元目标	主要内容	重难点	理论学时	实践学时
单元 11 学前儿童心理发展学说 （4学时）	**知识目标：** 　1. 了解成熟势力说的代表人物及相关思想； 　2. 了解行为主义流派的代表人物及他们对行为主义发展的贡献，能够掌握行为主义里的一些相关概念； 　3. 学习了解皮亚杰认知发展理论的四个阶段，能够掌握行为主义里的一些相关概念； 　4. 了解社会学习论的代表人物及相关思想 **技能目标：** 　1. 能够在自然情景下分析婴幼儿学习的主要方式与脑科学的联系； 　2. 能够分析出小学与幼儿园的差别，清楚幼儿刚进入小学时可能遇到的不适 **情感目标：** 　能够学习和模仿心理学家对待儿童研究的科学严谨的态度和需要具备的专业素质	1. 成熟势力说； 2. 行为主义学说； 3. 认知发展学说； 4. 社会学习论	**重点：** 　掌握四大理论流派的主要代表人物及思想 **难点：** 　掌握四大理论流派的主要代表人物及思想	4	0

4 教学方法与手段

以讲授法和讨论法为主，提问法、案例教学法、情景教学法等为辅。

1）课前预习

运用现代教育技术，课前布置线上学习，在网络平台发布课前预习微课、案例视频、文档、测验题等，采用问题导向，引导学生自主讨论和学习基本的原理和要点。

2）课中学习

根据任务点的难易度，采用分组教学、分层教学、竞赛等方法，引导学生积极参与学习；通过视频、案例逐渐对幼儿园小朋友心理有更多了解。

5 课程考核与评价

1）平时成绩评定

包括出勤、作业、课堂表现、笔记、期中考试等。

2）期末成绩评定

采用线上闭卷考试。

3）综合成绩评定

平时成绩占40%，期末成绩占60%。

Contents

目　录

绪 论

心理学是研究人的心理现象的科学。心理现象的形式多种多样，心理学通常将心理现象分为心理过程和个性心理。

1 个性心理

个性心理包括个性倾向性和个性心理特征。

①个性倾向性。个性倾向性是指人所具有的意识倾向，决定人对现实的态度以及认识活动对象的趋向和选择。它包含动机、需要、兴趣、理想、价值观和世界观等。

②个性心理特征。个性心理特征是指一个人身上经常地、稳定地表现出来的心理特点，主要包括能力、气质和性格。

2 心理过程

心理过程包括认识过程、情绪和情感过程、意志过程。

①认识过程。认识过程是人由表及里、由现象到本质地反映客观事物的特性与联系的过程，包含感觉、知觉、记忆、注意、想象、言语和思维等过程。

②情绪和情感过程。情绪和情感过程是指人对客观事物是否满足自身需要而产生的主观体验的心理活动，包括喜、怒、哀、乐、爱、憎、惧等情绪和情感。

③意志过程。意志过程是指人在有目的的活动中自觉地调节自身的行为和情感、克服困难的心理过程。

| 课题二 | 学前心理学的研究意义 |

1 认识学前儿童心理发展的基本内容

1）了解学前儿童心理变化的基本规律

学前心理学研究学前儿童心理发展的特点、规律和理论。学习学前心理学，可以了解学前儿童心理发展变化的规律，包括各种心理现象发生的时间、顺序和发展规律，以及随着年龄的增长，学前儿童各种心理活动所发生的变化和各个年龄阶段心理发展的主要特征，为学前儿童教育、保健和发展等工作提供心理依据。

2）了解学前儿童心理变化的原因

学习学前儿童心理学，可以了解学前儿童心理变化的原因，说明影响儿童心理变化的因素，了解儿童心理发展的基本知识，为将来学习学前教育学和幼儿园活动设计等课程以及从事幼儿教育工作打下良好的基础。

2 有助于教师提升教育活动的效果

教师需要学习学前儿童心理学，了解儿童的心理特点，按儿童心理发展规律办事，有助于教师在教育活动中获得事半功倍的效果。

资料1-1

早上来幼儿园时，冰冰很伤心地抱着奶奶哭，不肯进入室内。在老师和奶奶的共同努力下，冰冰进入室内，但是冰冰仍然无法停止哭泣。这时其他儿童都在吃饭，老师就把冰冰叫到睡眠室，拉着冰冰的手，同时看着他的眼睛说："冰冰，我们单独聊聊吧。"冰冰这时的情绪已经有所缓和，虽然仍在抽泣，但已经在努力控制自己的情绪。"冰冰，幼儿园这么多小朋友都很喜欢你，他们都等你来吃饭呢，而且老师也很喜欢冰冰。"看冰冰的情绪有所缓和，老师说："那我们拉个勾吧，一会儿好好吃饭。"冰冰很爽快地和老师拉了勾，然后自己去洗手，又很安静地开始吃饭。冰冰快吃完饭时，老师说："冰冰，我们明天开开心心地来幼儿园好吗？"老师又用温和的语气说："你这样哭奶奶会伤心的，而且眼睛会痛的……"没等老师说完，冰冰用一只手捂着眼睛，然后说："明天我不哭了，我要奶奶的眼睛好好的！"

---

3 初步掌握研究学前儿童心理的方法

我们会发现，幼儿教师可以在各种活动中运用学前儿童心理的研究方法（观察法、实验法、谈话法、测验法和作品分析法等）更好地了解幼儿。初步掌握研究学前儿童心理的方法有助于提高教育工作者的水平和科研能力，可以更好地促进幼儿身心的发展。

4 有助于学生形成科学的世界观

学习学前儿童心理学有助于学生形成唯物主义的观点，对以后从事学前教育实践和研究具有很好的指导意义。

课题三　学前儿童心理的研究方法

有目的、有计划地考查学前儿童在活动（日常生活、游戏和学习等）中的表现，包括言语、表情和行为，并根据观察结果分析儿童心理发展的规律和特征。

1 观察法

观察法是指研究者有目的地观察，并辅以研究提纲或观察表，用自己的感观和辅助工具去直接观察被研究对象，从而获得资料的一种方法。科学的观察具有目的性和计划性、系统性和可重复性。

1）观察法的方式

①时间取样。它是指观察者根据事先确定的观察维度有选择地在某些时间段内观察某一特定行为或事件，并将结果记录到规定的表格中。这种策略更适用于经常发生的行为或事件，并且是一些外显的、易于观察到的现象。例如，对儿童游戏中的攻击与合作行为就可用时间取样策略进行观察。

②事件取样。事件取样策略不强调时间间隔和时段规定的限制，只要选定的行为事件发生，研究者就可以进行连续的观察和记录。它适用于各种行为，可为各类与儿童频繁交往的成人采用。

③参与观察。参与观察策略要求观察者参与观察对象的活动，收集全面而深入的信息，了解研究对象发生、发展的全过程和内在活动。观察者深入对象的活动中，可以摒弃先入为主的偏见，不受特定假设的约束，对观察活动有深入、真实的了解和切身体会。

④行为核查表。在观察研究中，如果观察的行为明确而具体，且主要考察目标出现并有确切的发生时间，则可以采用行为核查表。它使观察活动明确、具体、有针对性且便于记录。

2）运用观察法的步骤

①首先必须充分考虑观察者对被观察儿童的影响，尽量使幼儿保持自然状态。

②观察记录要求详细、准确和客观。

③学前儿童心理活动不稳定，行为表现常带有偶然性。因此，观察要多次反复地进行，在评定幼儿行为时要防止主观性。

④进行案例介绍与案例分析。

2 实验法

实验法是根据研究目的，改变或控制学前儿童的活动条件，以引起某种心理活动的恒定变化，揭示特定条件与心理活动之间关系的方法。

实验法是心理学研究的传统方法，根据实验场所和条件控制程度。实验法可分为实验室实验法和现场实验法。

1）实验室实验法

实验室实验法是心理学研究的主要方法之一，通过在实验室内进行严格的条件控制以确定考察变量之间的关系。

变量是一些在数量或质量上可以改变的事物。自变量即刺激变量，是由主试选择、控制的变量，决定着行为或心理的变化。因变量即被试的反应变量，既是自变量造成的结果，也是主试观察或测量的行为变量。

但如何通过实验室环境来研究榜样作用这个变量呢？这里以儿童的攻击性为例。攻击性是榜样作用的实验研究中最常见的课题，所用方法具有代表性。

资料1-2

　　美国心理学家希克斯对5~8岁儿童做过一项研究。实验的基本做法是这样的：一名女性试验者把儿童单独从教室带出来玩玩具，在去游戏室的途中，告诉被试儿童她要去图书馆办点事，让被试儿童在离图书馆不远的一个房间等她。在等待过程里，儿童可以看电视。电视短片播放的内容是一个成年男子对一个玩偶做出各种攻击性动作（如用木槌击打玩偶）。电视结束后，被试儿童被带到游戏室玩15分钟。游戏室内有一些攻击性的玩具，可用来做出模仿的或非模仿的攻击行为（其中包括一个玩偶），也有一些非攻击性玩具。试验者通过安装在游戏室墙壁上的单向玻璃隐蔽地观察被试儿童的行为，并记录儿童所表现的各种攻击性行为。

2）现场实验法

　　现场实验法要求研究者在一定的实际生活情境中尽可能控制无关变量，通过操纵某种自变量来观察或引起因变量的反应和变化，以确定变量间的因果关系。

　　现场实验法可分为自然实验法和教育心理实验法两大类。

　　①自然实验法。自然实验法可以研究儿童模仿成人关心他人及利他主义行为的程度。例如，为幼儿园儿童安排一名女教师，在两周内，她对儿童时而温和而热情，时而严格而冷酷。教师还向儿童示范利他行为，如关心小动物、关心他人的悲哀等，或将游戏训练与真实的助人行为示范相结合。结果发现，儿童表现出的利他行为增加，当女教师温和而热情时，儿童利他主义的行为增长更明显。

资料1-3

罗森塔尔实验

　　1966年，美国心理学家罗森塔尔做了一项实验，研究教师的期望是否对学生的成绩有所影响。他来到一所乡村小学，给各年级的学生做语言能力和推理能力测验。测完之后，他并没有看测验结果，而是随机选出20%的学生，告诉他们的老师说这些儿童很有潜力，将来可能比其他学生更有出息。8个月后，罗森塔尔再次来到这所学校。奇迹出现了，他随机指定的那20%的学生的成绩果然有了显著提高。为什么会出现这种情况呢。是老师的期望起了关键作用。老师相信专家的结论，相信那些被指定的儿童确有前途，于是对他们寄予更高的期望，投入了更大的热情，更加信任、鼓励他们。这些儿童感受到教师对自己的信任和期望，自信心得到了增强，因而比其他学生更努力，进步也就更快。罗森塔尔把这种因期望产生的效应称为"皮格马利翁效应"。皮格马利翁是希腊神话中的一位雕刻师，他耗尽心血雕刻了一位美丽的姑娘，并倾注了全部的爱给她，上帝被雕刻师的真诚打动了，给姑娘雕像赋予了生命。

　　②教育实验法。教育实验法是将心理研究与一定的教育教学过程结合起来，研究在一个教育因素的影响下，儿童心理行为所发生的变化。这种实验既是一个研究的过程，也是一个完成教育活动的过程。

　　教育实验法已成为教育研究和儿童心理学研究的一个新趋势，主要原因是研究结果可以直接为教育工作服务。

3 谈话法

谈话法是通过和学前儿童交谈来研究学前儿童心理的方法。谈话法也属于调查法，是研究儿童心理的常用方法。通过和幼儿交谈，可以研究他们的各种心理活动。谈话的形式可以是自由的，但内容要围绕研究者的目的展开。谈话者应有充足的理论准备、非常明确的目的和熟练的谈话技巧。

在研究中，主试应向学前儿童提出事先准备好的问题，要求学前儿童回答，从中收集资料，分析结果，得出结论。

皮亚杰的临床谈话法就是一种有特色的谈话法。临床谈话法是皮亚杰独创的用于心理学研究收集和整理材料的具体方法。它在单纯观察法的基础上扬弃了测验法的优缺点，汲取实验法的优点，进而对儿童智慧进行研究，目的在于要求研究者通过谈话和观察抓住隐藏在儿童言行表面现象背后的本质东西。

运用谈话法时应注意以下问题：

①确定谈话的目的，选择好谈话的主题，使谈话自始至终围绕研究目的进行。

②提出的问题一定要明确，使学前儿童能理解和回答。

③研究者应事先熟悉学前儿童，并与其建立起亲密的关系，使谈话活动在愉快、信任的气氛中进行。

4 测验法

测验法是通过心理测验来研究个体心理发展的方法。一般是用一套标准化的题目，按照规定的程序，对个体心理发展的某个方面进行测量，并将测量与常模相比，确定被试心理水平或特点。

运用测验法时应注意以下问题：

①测验人员必须经过专门训练，不仅要掌握一般心理测验技术和工作技巧，还要掌握学前儿童的心理特点。

②幼儿心理活动稳定性差，因此，不可以一两次测验结果作为判断某个学前儿童心理发展水平的依据。

③基于学前儿童的年龄特征，对他们的测验宜采用个别测验。

5 作品分析法

作品分析法是通过分析儿童的作品（如手工、图画等）来了解儿童的心理特点。由于学前儿童在创造活动过程中，往往用语言和表情去辅助或补充作品所不能表达的思想，所以脱离学前儿童的创造过程来分析作品，难以充分了解他们的心理活动。对学前儿童作品的分析最好是结合观察法和实验法进行。如有人根据张以庆拍摄的纪录片《幼儿园》分析幼儿的心理行为，并写出报告。又如，"绘人测验"就是要求学前儿童尽量细致地画出一个正面人，根据所画的细节按已有的标准计分，以得分多少作为判断幼儿智力发展水平的一种指标，该方法既是测验法又是作品分析法。

综上所述，学前儿童心理的研究方法多种多样，无论运用何种方法都必须以正确的思想为指导，根据不同的研究目的和课题，综合应用。

学前儿童心理发展的概况

课题一　人的心理的本质

心理既是人脑对客观现实的反映，也是客观现实在人脑中的反映。

1　心理是脑的机能

心理活动是由于大脑活动而产生的，脑是心理的器官。许多研究证明，如果大脑受到损伤，心理活动就不能正常进行。

学前儿童时期是大脑迅速发育的时期，一方面，要保护幼儿的大脑，避免幼儿大脑受到损伤；另一方面，要为学前儿童的大脑提供充足的营养，促进学前儿童大脑正常健康地发育。

2　心理是客观现实的反映

客观现实是心理的源泉和内容。客观现实包括自然环境、社会条件和人的各种活动。其中，社会生活环境和社会活动是心理的主要源泉。因此，我们要为学前儿童提供一个健康、和谐、有利于他们成长的环境，以保证他们身心健康地发展。

3　人的心理活动具有主观能动性

人脑对客观现实的反映是有目的的、主动加以选择的。人的心理对客观事物的反映是带有主观色彩的。人们由于生活经验、情感体验和个性特点不同，对同一事物有着不同的反映。如看到同样一棵松树，或读到同样的诗句，不同的人会有不同的反映。人的心理不仅能反映外部世界，还能认识自己，支配和调节自身的行为，改造自己和世界。因此，幼儿园在教育教学活动中，要充分调动学前儿童的主观能动性。

课题二 ▶ 学前儿童心理发展的趋势

1 从简单到复杂

学前儿童的各种心理活动，在其初生的时候并不齐全，它是在发展过程中逐渐形成的。如1.5岁以前，因幼儿无法形成具有一定稳定性的记忆表象，不具备运用内部智力动作对已有表象进行加工改造的能力，所以不可能有想象活动，更谈不上人类特有的思维。学前儿童各种心理过程中出现和形成的秩序，都是从无到有、从不齐全到齐全，遵循由简单到复杂的发展规律的。

学前儿童最初的心理活动是笼统、弥漫而不分化的。无论是认识活动还是情绪情感，发展的趋势都是从混沌和暧昧到分化和明确。也可以说，最初是简单和单一的，后来才逐渐复杂和多样化。

> 资料2-1
>
> 加拿大心理学家布里奇斯认为：初生婴儿只有未分化的一般性的激动，表现为皱眉和哭；3个月时分化为快乐、痛苦两种情绪；6个月时，痛苦又进一步分化为愤怒、厌恶、害怕三种情绪；12个月时，快乐情绪分化出高兴和喜爱；18个月时，分化出喜悦与妒忌。

2 从具体到抽象

学前儿童最初的心理活动是非常具体的，往后越来越抽象和概括化。学前儿童思维的发展过程就典型地反映了这一趋势。3岁前儿童以直觉行动思维为主，3～6岁儿童以具体形象思维为主，5岁以后开始出现抽象逻辑思维的萌芽。在整个学前期内，思维的特点总在不断发展变化，体现了从直觉行动思维向具体形象思维和抽象逻辑思维发展的趋势。

3 从无意向有意发展

学前儿童的心理活动和行为最初常常是无意的。如新生儿的原始反射就是一种本能活动，是对外界刺激的直接反应，完全是无意识的。随着年龄的增长，儿童逐渐开始出现了自己能意识到的、有明确目的的心理活动，然后发展到不仅意识到活动目的，还能够意识到自己心理活动进行的情况和过程。即儿童的注意、感知、记忆、情感等心理活动最初都是无意识的，随后向有意识的心理活动方向发展；最初各种心理活动以无意性为主，后来发展到以有意性为主；最初没有意志活动，后来逐渐形成意志，心理活动的自觉性不断提高。

4 从零乱到成体系

学前儿童的心理活动最初是零散杂乱的，心理活动之间缺乏有机联系，很容易因情境的影响而改变。比如，七八个月的婴儿离开妈妈时，会哭得很伤心，但当妈妈的身影刚刚消失，奶奶用一个色彩鲜艳的玩具逗他玩时，他可能会立即破涕为笑。随着年龄的增长，儿童会逐渐学会组织心理活动，心理活动从而有了整体性、系统性、稳定的倾向性，形成每个人特有的个性。

课题三　　学前儿童心理发展的基本特点

1 方向性和顺序性

学前儿童的心理发展在正常情况下具有一定的方向性和先后顺序性，既不能逾越，也不会逆向发展，按由低级到高级、由简单到复杂的固定顺序进行。如个体动作的发展，就遵循自上而下、由躯体中心向外围、从粗动作到细动作的发展规律，这些规律可概括为动作发展的头尾律、近远律和大小律。这种方向性和不可逆性在某种程度上体现出基因型在环境影响下不断把遗传程序编制显现出来的过程。尽管学前儿童心理在发展过程中会出现个体差异，心理发展的速度也存在加速或延缓的问题，但发展的方向和顺序不会改变。

2 连续性和阶段性

学前儿童的心理发展既是一个连续的、不间断的过程，也是一个不断从量变到质变的发展过程。这种连续性主要表现在两个方面：

一是指心理的前后发展有着内在的必然联系，先前发展是后来发展的基础，后来发展是先前发展的结果。如学前儿童在思维发展方面，先出现直觉行动思维，然后有了具体形象思维，再出现抽象逻辑思维。这三种思维的发展是有内在联系的，如果没有前一种思维的出现与发展，就没有后来的思维形式的进步。

二是指心理的发展进入高一级水平后，原先的发展水平并不是简单地被消亡，而是被高一级的水平所整合和包容。如学前儿童的抽象逻辑思维能力有了初步发展后，并不意味着具体思维就消失了，在思维过程中具体思维照样发挥着重要的功能与作用。

学前儿童心理发展的连续过程又是由一个个具体发展阶段组成的。学前儿童可分为胎儿期、新生儿期、乳儿期、婴儿期、幼儿期等不同的年龄阶段。在不同发展阶段，学前儿童既表现出不同的心理过程之间质的差异，也表现为不同的主导活动和不同的心理能力。在具体行为上，他们又表现为不同的行为特征。学前儿童心理发展的这些阶段既是相互联系的，也是相互区别的。一个时期接着一个时期，是不可逾越或倒退的。

学前儿童心理发展的连续性和阶段性是辩证统一的。在心理连续发展过程中的重大质变，构成了心理发展的阶段性，阶段特征之间的交叉又体现了心理发展的连续性。如儿童在幼儿期思维发展的主要特征是具体形象性，但幼儿初期仍保留直觉行动思维的特征，幼儿晚期抽象逻辑思维开始萌芽。

3 不平衡性

学前儿童心理的发展并不是等速的，它具有不平衡性。这种不平衡性表现在三个方面：

1）不同的年龄阶段，具有不同的心理发展速度

如新生儿的心理，可以说是一天一个样；满月以后，是一月一个样；可是周岁以后，发展速度就缓慢下来。

2）不同的心理过程，具有不同的心理发展速度

学前儿童感知觉等认识过程在出生后迅速发展，而逻辑思维的发展要经历相当长的时间。

3）不同的儿童，具有不同的心理发展速度

有的儿童刚满1岁就会说话了，而有的儿童已经两岁了，却还无法说话。

4 发展具有个别差异性

虽然同一年龄阶段的学前儿童在心理发展方面存在着共同趋势和规律，但由于遗传素质、教育条件以及社会环境的不同，在发展上又表现出个别差异性。对每一位儿童而言，其心理发展的速度、发展的优势领域、最终达到的发展水平等都可能是不同的。

如有的儿童观察能力强，有的儿童想象力丰富；有的儿童好动，有的儿童喜静；有的儿童言语能力强，有的儿童操作能力强，还有的学前儿童擅长与人交往等；学前儿童在个性方面也存在很大差异，在气质、性格及能力等方面都有所不同。

课题四 ▶ 儿童心理发展的重要概念

1 关键期

关键期这一概念最初是由生态学家劳伦兹提出的，这一概念与"印刻"现象的发现有直接关系。

"印刻"现象首先由自然主义者斯波尔丁在刚孵出的雏鸡身上发现，是小动物在出生后的一个很短时期内形成的一种本能反应，这种反应不管所追逐的能活动的生物是否是自己的同类。

这种反应包括：①追随而且喜欢接近出生后最先看见或听见的对象，即印刻的对象；②在印刻的对象消失后，发出悲鸣，当它重新出现时，会发出满意的叫声。研究表明，"印刻"的对象不一定是小动物的母亲。如小鸟不一定追随生下自己的母鸟，也不一定追随同种类的母鸟，只要是它遇到的第一个对象，小鸟就会追随。

后来，劳伦兹曾用鸭子做实验，验证了这一事实。劳伦兹发现，在刚孵化出的小鸭面前，像鸭子那样摆动自己的双臂，摇摇摆摆地走路，小鸭子便会跟在他身后走，像爱母鸭那样地爱他，到了性成熟期，则向人类而不是自己的同类求爱。"印刻"现象和一般的反应不同，它只在一定的时期内发生。人们发现，鱼、昆虫、家羊、山羊、狗都可能产生印刻现象。如小鸡"母亲印刻"的发生是在出生后的10～16小时，小狗则是在出生后的3～7周。

"印刻"发生的时期称作关键期。在关键期内形成的"印刻"行为作为动物的习性保存了下来，并且是不可逆的，即一旦形成就不能修正和还原。倘若幼小动物的"印刻"过程遭到阻碍和中断，母亲与幼小动物就不会相互认识。

关键期是指对特定技能或行为模式的发展最敏感的时期或者做准备的时期，是个体发育过程中的某些行为在适当环境刺激下才会出现的时期。如果在这个时期缺少适当的环境刺激，某些行为便不会再产生。

发展心理学家将动物的关键期概念引入儿童学习行为的研究领域，认为儿童心理的发展同样存在关键期。学前儿童心理发展的关键期现象主要表现在语言发展和感知方面。已有研究表明，1～3岁是人类口头言语发展的关键期，4～5岁是学习书面语言的关键期，如果错过这些时期，就难以掌握人类的语言（如狼孩是在7岁后才开始接触人类语言和学习口语，无论后来如何教育，始终没有真正学会使用人类的语言）。4岁是形状知觉形成的关键期，少年期以前是第二语言（主要是语音方面）学习及音乐听觉训练的关键期。

2 敏感期

儿童心理发展的许多方面在错过特定时期之后，并非完全不能弥补，因此关键期的概念不能普遍运用。在一般情况下，对儿童心理发展的时机问题采用"敏感期"来形容较恰当。

敏感期一词是生物学家雨果·德弗里斯在研究动物成长时首先使用的名词，后来意大利幼儿教育家、医生玛丽亚·蒙台梭利在长期与儿童的相处中发现，儿童的成长也会产生同样的现象，因而提出了"敏感期"的概念，并将它运用于学前教育上。

从整个人生的心理发展来说，学前期是心理发展的敏感期。在语音学习方面，2~4岁是敏感期；在数概念掌握方面，5~5.5岁是敏感期；在动作发展方面，0~6岁是敏感期。

儿童心理发展的敏感期是指儿童学习某种知识和行为比较容易，心理某个方面发展最迅速的时期。错过了敏感期，学习起来较困难，发展比较缓慢。

3 转折期和危机期

儿童的心理发展一般来说是渐进式变化的，但有时候，可能会出现突然的、飞跃式的变化。在儿童心理发展过程中出现的，短期内心理急剧发展、变化非常明显，心理矛盾高度激化的时间段，称为儿童心理发展的转折期。这种情况往往发生于儿童心理发展两个阶段之间的转折时期，如儿童从家里进入幼儿园时，或从幼儿园升到小学时，都可能出现转折期。一般认为，2~3岁、7~9岁、12~15岁是儿童心理发展的转折期。

处于心理发展转折期的儿童，因心理冲突大而混乱，在行为方式与理解能力上与过去比有很大程度的变化。例如，一直很乖巧的3岁儿童可能突然表现出各种反抗行为或执拗现象，对成人的指令常说"不""就不"，以示反对。7岁左右的儿童也常常出现心理平衡失调现象，情绪不太稳定。13岁左右的儿童则表现为行为带有消极性，对成人有更大的违抗性，学习成绩下降等。

由于儿童在心理发展的转折期往往容易产生强烈的情绪体验，常常出现各种否定性行为，可能导致儿童和成人关系的突然恶化，所以转折期往往被人们称为"危机期"。事实上，用"危机期"来标示"转折期"是不妥当的。因为儿童心理发展的转折期，并非一定出现"危机"。我们应该把转折期和危机期两个概念加以区分。转折期是儿童心理发展中必然出现的，"危机"则不是必然的。因为"危机"常常来自儿童生理上和活动能力上的迅速发展，会导致心理发展上的不适应。如果成人掌握了儿童身心发展的规律，正确引导儿童心理发展，化解其一时产生的尖锐矛盾，"危机"就会在不知不觉中度过或者说可以不出现。

4 最近发展区

最近发展区由心理学家维果茨基提出。维果茨基认为儿童的发展有两种水平：一种是儿童的现有水平，指独立活动时所能达到的解决问题的水平；另一种是儿童可能达到的发展水平，表现为"儿童还不能独立地完成任务，但在成人的帮助下，或在集体活动中，通过模仿却能够完成这些任务"。这两种水平之间的距离，就是"最近发展区"。

也就是说，最近发展区是儿童在有指导的情况下，借助成人帮助所能达到的解决问题的水平与独自解决问题所达到的水平之间的差异，实际上是两个邻近发展阶段间的过渡阶段。最近发展区是儿童心理发展每一时刻都存在同时又时刻都在发生变化的发展现象，因人而异。

维果茨基提出的最近发展区主要是就智力而言的，其实在儿童心理发展的各个方面都存在着最近发展区。最近发展区的大小是儿童心理发展潜能和可接受教育程度的重要标志。当儿童因缺乏有关知识而不能完成某种智力任务时，一旦获得了有关知识，就有可能完成任务。教育教学应着眼并把握儿童的最近发展区，为儿童提供带有难度的内容，调动其积极性，发挥潜能，超越最近发展区而达到下一发展阶段的水平，然后在此基础上实现下一个发展区的发展。

课题五　影响学前儿童心理发展的主要因素

影响学前儿童心理发展的因素多种多样，这些因素可概括为生物因素、社会因素和儿童自身的活动因素等三大方面。

1　生物因素

遗传素质和生理成熟是影响学前儿童心理发展的生物因素。良好的遗传素质和生理成熟是学前儿童心理发展的自然物质前提，为学前儿童心理发展提供了可能性。

1）遗传素质

遗传是一种生物现象。人类通过遗传，可以将祖先长期形成和固定下来的一些生物特征传递给后代，完成种系的繁衍。遗传素质是指人类从祖先那里遗传来的与生俱来的生物特性，如人体的形态、构造、血型、头发和神经系统等特征。其中，神经系统的结构与机能对学前儿童的心理发展具有更重要的意义。

遗传素质对儿童心理发展的具体作用表现在以下两个方面：

（1）为儿童心理发展提供自然的物质前提

人类共有的遗传因素既是使儿童在成长过程中有可能形成人类心理的前提条件，也是儿童有可能达到一定社会所要求的心理水平的最初的、最基本的条件。遗传素质的缺陷是儿童心理发展的巨大障碍。由此可见，没有人类正常的遗传素质，就没有正常的人的心理，遗传素质是学前儿童心理发展最基本的物质前提。

（2）奠定了儿童心理发展个别差异的最初基础

心理学的研究表明，遗传素质的不同是造成人的心理个别差异的重要基础，它规定了每个儿童不同的心理发展的可能性。

心理学家西里尔·伯特为研究遗传与环境对人智力的影响进行了一系列的调查研究，研究材料表明：同卵双生子的智商有很高的相关性，有血缘关系的儿童之间的智力相关依家族谱系的亲近程度而逐渐增高，而在一起长大的、没有血缘关系的儿童，在智力上的相关性很小。

相关研究表明，遗传素质对儿童心理发展不同方面的影响存在较大的差异。一般认为，特殊能力的发展受遗传的影响更大一些，如绘画能力、音乐能力、运动能力等。一些人在该领域取得辉煌的成就，除了本人的勤奋努力外，也不能否认其良好的遗传素质提供的天赋条件。因此可以说，遗传素质决定了儿童可能的最优发展方向，具有不同遗传素质的儿童，在最优发展方向上也是不同的。

总之，遗传素质是人的身心发展的自然前提条件和物质基础。由于遗传素质不同，每位儿童的心理发展都是有差异的，具有各自心理发展特点的基础。

2）生理成熟

生理成熟也称生理发展，是指机体生长发育的程度和水平。生理成熟主要依赖于人类种系遗传的既定程序，有一定的规律性。个体的心理发展与生理成熟直接相关，并以生理成熟为基础。

　　儿童的生理成熟有一定顺序和规律，在规律性上明显表现在身体发展的方向顺序和发展速度上。如儿童生长发育的顺序是从头到脚、从中轴到边缘，即所谓的首尾方向和近远方向。儿童的头部发育最早，其次是躯干，再是上肢，然后是下肢。儿童动作的发展，也是按首尾和近远规律进行。其顺序是：先会抬头，后会翻身，再会坐、会爬，最后才会用腿走路；先发展手臂动作，后发展手指的动作。儿童体内各大系统成熟的顺序是：神经系统最早成熟，骨骼肌肉系统次之，最后是生殖系统。儿童生长发育的速度也遵循一定的规律：在出生的头几年，即学前期，生长发育很快，以后逐渐减慢，到了青春期，又出现了一个迅速生长的阶段。

　　学前儿童心理活动的产生与发展是在一定生理成熟的基础上实现的。制约学前儿童心理发展的主要因素是神经系统结构和机能的成熟。儿童心理的发展与生理发展，特别是脑和神经系统的发展关系密切。例如，儿童的神经系统在出生后的最初几年发展相当迅速，脑重量在出生时为400克左右，到9个月时脑重就增加一倍，1周岁时达到900克，3周岁时重1 000克，7周岁儿童脑重已增长到1 300克，接近成人脑的重量。由于心理的器官——脑的发展与成熟，再加上神经系统其他部分的发展，如神经纤维髓鞘化的完成，保证了儿童心理在6~7岁时能达到相对稳定的水平。

　　生理成熟对学前儿童心理发展的具体作用是使心理活动的出现或发展处于准备状态。

　　为了验证生理成熟与儿童心理发展的关系，心理学家格塞尔在1929年进行了著名的"双生子爬楼梯"实验。他首先对双生子T和C进行了行为基线的观察，确认他们的发展水平相当。在他们出生第48周时，对T进行爬楼梯、搭积木、肌肉协调和运用词汇等训练，对C不作训练要求。训练持续了6周，其间T比C更早地显示出某些技能。到了第53周，才开始对C进行爬梯训练，即比T晚6周开始，C仅训练了2周，就赶上了T的水平。到55周时，C和T的能力没有差别，不用旁人帮助，也可以爬到楼梯顶端。

　　这个实验说明，若在机体某种生理结构和机能达到一定成熟时，适时地给予适当的刺激，就会使相应的心理活动有效地出现或发展。如果机体的生理结构和机能尚未成熟，即使给予某种刺激，也难以取得预期结果。

2 社会因素

　　影响学前儿童心理发展的社会因素主要是指环境因素。环境分为自然环境和社会环境。自然环境提供儿童生存所需的物质条件，如空气、阳光、水和养料等；社会环境指儿童的社会生活条件，包括社会生产力发展水平、社会制度、家庭状况、社会气氛、受教育状况等。相较而言，社会环境对学前儿童的心理发展起着决定作用。学前儿童处于受教育过程，教育条件是学前儿童社会环境中最重要的部分。有目的、有计划、有系统影响的学前教育，在一定程度上对学前儿童心理发展水平起着主导作用。

　　社会环境的作用表现在：

1）使遗传提供的心理发展具有可实现性

　　虽然人类的遗传素质提供了儿童心理发展的可能性，但如果人类的后代不生活在人类的社会环境里，那么这种可能性就不会变成现实。

　　出于种种意外的、偶然的原因，人类的后代被野兽哺育长大的情况有数十例之多。他们中有狼孩、熊孩、猴孩、豹孩等。他们虽然具有人类的遗传素质，但是因为脱离了人类社会的生活环境，因此无法形成正常人的心理。

> **资料2-2**
>
> 　　1983年，我国辽宁省发现过一名心理畸形的"猪孩"，母亲中度智残，养父以养猪为业，由于不喜欢该女孩，整日把她关在院中与猪为伍。她喝猪奶、抢猪食，形成了很多类似猪的习性。但由于她也和家长交往，因此会吃饭、穿衣和简单会话，被发现时她已8岁多，智商仅为39，不会分辨性别、颜色、大小，没有数的概念，情绪不稳定，易怒，社会适应能力差，不会与同伴玩耍。经检查她不属于遗传性和代谢性疾病，而纯属后天特殊环境造成的心理障碍。

　　这些事例充分说明儿童如果脱离了人类正常的社会生活环境，对正常心理的形成将会造成十分严重的后果和不可弥补的损失。没有人类社会的生活环境，即使有人类的遗传素质，也不能发展成为一个正常的人类个体。

2）制约儿童心理发展的水平和方向

　　制约学前儿童心理发展的社会因素主要有家庭、学前教育机构、大众传媒等因素。

　　家庭是儿童最早直接接触的、影响最广泛和深入的社会环境，主要包括家庭的自然结构、家庭的经济条件、父母的职业和文化水平、社会关系及儿童在家庭中所处的地位等。家庭对儿童发展的影响既可以是直接的，也可以是间接的。直接影响可表现为父母对儿童成长的直接指导或控制；间接影响则表现为父母的世界观、价值观、教养方式，甚至待人接物的方式等。有关研究证明，家长的抚养行为、亲子互动、家庭环境质量对儿童早期智力、气质与性格等发展具有显著影响。家庭对学前儿童心理发展的影响是长远而深刻的，我们必须引起高度重视。

　　学前教育机构是根据特定的教育目的、一定的规则和组织制度而形成的对学前儿童实现早期教育的机构。儿童进入婴幼儿期后，不再仅仅受家庭的影响，师幼关系、同伴关系也逐渐成为生活中的主要部分。儿童在学前教育机构里所接触的老师或同伴、所开展的游戏及各种活动等都会对他们的心理产生不同的影响。

　　大众传媒已越来越成为学前儿童生活中不可缺少的组成部分，对心理发展具有不容忽视的影响。目前，学前儿童接触较多的媒介有电视、网络、广播、绘本、杂志、电影、电子游戏机等，尤其与电视、绘本的接触最频繁。学前儿童好奇、好模仿，大众传媒中人物的言行很容易成为他们模仿的对象，由此对学前儿童的心理发展造成正面或负面影响。

> **资料2-3**
>
> 　　心理学家曾用同卵双生子做过这样的实验：把一对孪生姐妹在1.5岁时分开抚养，妹妹在一个富裕、充满爱的环境中长大，并读完专科学校；姐姐生活在一个边远地区，仅接受过两年的正式学校教育。当她们35岁接受智力测验时，妹妹的智商比姐姐高34分之多。实验说明，分开教养的同卵双生子，尽管她们的遗传素质相同，但环境和教育不同，她们的智力就产生了差异。

　　可见，在遗传素质和生理成熟正常的前提下，决定学前儿童心理发展水平和方向的是社会生活条件和教育。

3 学前儿童自身的活动因素

人的心理是在活动中产生、发展并表现出来的。学前儿童心理的发展离不开活动，活动是儿童心理发展的必要条件。只有在各种活动中，学前儿童才可能发挥自身的主观能动性，通过感官、动作、语言、思维等机能与人或与物相互作用，可有效促进自身心理由低级向高级逐渐转化和发展。

学前儿童自身的活动主要包括对物的活动和对人的活动以及兼而有之的活动。对物的活动也称及物活动，是指以操作和摆弄物体为主的活动。对人的活动主要包括与成人的交往和与同伴的交往，具体表现形式有操作活动、游戏活动、学习活动、劳动活动、模仿活动和交往活动等，其中，游戏活动是学前儿童的主要活动形式。

1）认识在活动中产生、发展并表现出来

活动既是心理的外部表现，也是儿童心理发展的表现。儿童往往是通过自己的动作和活动认识事物、表达情绪。如简单的"伸手取物"动作，它至少说明儿童能辨别出所要拿取的物体的空间位置，儿童有拿取某物体的目的或动机。儿童通过手的抓握和摆弄物体的动作，逐渐认识到物体表面的光滑或粗糙、冷或热、软或硬等不同特性。正是在活动中，学前儿童认识了更多更广的事物，逐步掌握一些粗浅的知识技能，逐步体会到人对事物的态度，使各种心理过程和个性特征都得到了发展。

2）儿童心理的内部矛盾在活动中产生并转化

儿童心理的内部因素之间的矛盾是推动儿童心理发展的根本原因。儿童心理的内部矛盾可以概括为两个方面，即新的需要和旧的心理水平或状态。新的需要是由外界环境和教育引起的。儿童的成长和生活条件的变化，外界对儿童的要求也不断变化，客观要求如果被儿童接受，就变成儿童的主观需要。新的需要是新的心理反应，旧的心理水平或状态是过去的心理反应。这两种心理反应之间总是不一致的，不一致即差异，差异就是矛盾。

只有通过学前儿童本身的积极活动，外界环境和教育的要求才能成为儿童心理反映的对象，儿童的需要才能产生，新的需要和原有水平的内部矛盾运动才能形成。同时，也只有通过活动，儿童才有可能反作用于客观世界。即离开了儿童本身积极主动的活动，离开儿童主体和客观事物的相互作用，就不可能产生儿童心理的内部矛盾，也就谈不上儿童心理的发展。所以，学前儿童心理的内部矛盾是在儿童自身的积极活动中产生的。

学前儿童心理内部矛盾双方的转化和统一同样是在学前儿童自身积极主动的活动中实现的。例如，如果没有学前儿童积极的言语交际活动，儿童语言就不可能由简单句发展到多词句。

3）游戏是最适合学前儿童心理发展的活动

游戏既是学前儿童最喜欢的活动，也是学前儿童活动的主要形式。游戏本身的特点符合学前儿童追求快乐的天性，能满足儿童参与成人活动的愿望，符合儿童心理的动机特点、无意性特点、认识特点。游戏活动可以促进儿童智能（以认知能力为主）的发展，有助于儿童想象力与创造性的发展。游戏可以解决学前儿童心理发展过程中的矛盾，促进儿童心理的全面发展。

由此可见，学前儿童自身积极、主动的活动是促进学前儿童心理发展的有效途径，学前儿童的心理就是在以游戏为主要形式的各种活动中不断发展的。

影响学前儿童心理发展的因素比较复杂，各种因素是相互联系、相互影响的。首先，我们要充分肯定生物因素、社会因素对学前儿童心理发展的作用，但不可忽视这些因素的影响作用是通过学前儿童自身的活动实现的。

学前儿童的注意

课题一　注意的概述

1 什么是注意

注意是心理活动对一定对象的指向和集中。指向性和集中性是注意的两个显著特点。

注意的指向性在实质上是"选择性"，是指人在清醒状态时每一时刻的心理活动有选择地倾注于某些事物，同时离开其他事物。例如我们周围有许多人，但通常只注视某个人或几个人，对其余的人并不留意。再比如，在课堂上，学生不是什么都看、都听、都记，而是有选择地去关心那些我们需要的对象，并把自己的精力都集中在所要看、听、记、想的内容上。

注意的集中性就是把心理活动贯注于某一事物。也就是说，注意不仅使心理活动有选择地指向某一事物，而且全神贯注地对待这一事物。儿童保持注意时神经系统既对某些刺激的兴奋增强，也对其他无关刺激加以抑制，使心理活动的对象得到鲜明而清晰的反映，对其他刺激则"视而不见"或"听而不闻"。

资料3-1

注意是日常生活中一种较常见的现象，当我们在学习或工作时，我们的心理活动或意识总会指向并集中在某一对象上。

人在集中注意于某个对象时，常常伴随有特定的生理变化和外部表现。注意的最显著外部表现有以下几种：

1. 适应性运动

人在注意听一个声音时，把耳朵转向声音的方向，即所谓"侧耳倾听"，人在注意着一个物体时，把视线集中在该物体上，即所谓"目不转睛"。当人沉浸于思考或想象时，眼睛朝着一个方向"呆视"着，周围的一切变得模糊起来，以免分散注意力。

2. 无关运动的停止

当注意力集中时，一个人会自动停止与注意无关的动作，如儿童在注意听故事时，会停止小动作或交头接耳，表现得异常安静。

3. 呼吸运动的变化

人在注意时，呼吸变化轻微而缓慢，而且呼吸的时间也会改变。一般来说，吸得更短促，呼得更长。在注意紧张时，还会出现心跳加速、牙关紧闭、握紧拳头等现象，甚至会出现呼吸暂停现象，即所谓"屏息"。

教师可以从观察幼儿的外部表现来了解儿童是否集中注意，但要真正了解幼儿的注意情况，还需全面了解幼儿的一贯表现。

2 注意的心理过程

相对于心理过程来说，注意只是一种心理现象。它本身不是一种独立的心理过程，而是各种心理过程所共有的特性，是心理过程的开端，并且总是伴随着各种心理过程的展开。事实上并不存在离开心理过程的单纯的注意。人们在注意什么的时候，总是在看它、听它、记它或想它。离开心理过程，也就谈不上注意了。所以，注意只有在我们的各种认识、情感、意志等心理活动过程中才得以表现。

当然，如教育家乌申斯基所说的，注意是一扇门，一切来自外部世界的、刚刚进入人心灵的东西都要从那里通过。因而，注意是一切认识过程的开端。离开了注意，我们有意识地听、说、记忆、思考等也就无法清晰、有效地展开了。注意是心理旅程中的领航员和护航员，没有注意，我们有意识的心理活动就会偏离航线。

注意不是一种独立的心理过程，而是其他心理过程的一种积极的伴随状态。也就是说，注意不能独立存在。

3 注意的种类

根据注意是否有自觉目的性和意志努力进行划分，可以分为无意注意和有意注意两类：

1）无意注意

无意注意是指既无预定目的，也不需要意志努力的注意，也称不随意注意。如上课时一个同学迟到，当他走入教室，大家就会不由自主地去注意他，这种注意是被动的、不自觉的，它是对环境变化的应答性反应。

无意注意产生的原因如下：

（1）刺激物的物理特性

刺激本身的特点即客观原因。这主要指周围事物中一些强烈的、新奇的、巨大的、鲜艳的、活动的、反复出现的事物，容易引起无意注意。

资料3-2

刺激物的特征主要有4点：

1.刺激物的新异性

如大街上打扮得较新潮的人、动画片中造型奇特的人物，都易引起人们的注意。

2.刺激物的强度

刺激物的强度可以分为绝对强度和相对强度。绝对强度如强烈的光线、巨大的声响、艳丽的色彩、浓烈的气味等，都会不由自主地引起我们的注意。而不大的声响，如窃窃私语，若发生在寂静的教室，也易引起注意。

3.刺激物的运动变化

变化活动的刺激物比无变化活动的刺激物更容易引起人们的注意。如会场中走动的人，夜空中的流星，街道上闪烁的霓虹灯等都易引起人们的注意。

4.刺激物间的对比关系

刺激物之间的任何显著差异都容易引起人们的注意。如"万绿丛中一点红"和"鹤立鸡群"中的"红色"和"鹤"，最易引人注目。

当然，强烈、新奇等特点只是相对而言的，例如上课时铅笔落地的声响就不足以引起注意。一个新奇的玩具长期存在或重复出现，也往往会失去吸引注意的特点。

（2）人本身的状态

无意注意不仅由外界刺激物被动地引起，而且和人的自身状态（兴趣、需要、经验等）以及个人的情绪状态有密切的关系。令人感兴趣的或符合个人需要的事物容易引起人们的注意。如儿童在"自选区域游戏"活动中，首先会不由自主地注意他最感兴趣的玩具。"人逢喜事精神爽"，觉得什么事都能引起他注意，不开心时，事事不感兴趣，连平时最喜爱看的电视，都无法引起兴趣。

此外，无意注意也和一个人的经验、对事物的理解以及机体状态（如饥、渴等）有关。

无意注意可以帮助人们对新异事物进行定向，使人们获得对事物的清晰认识，但也会干扰人们正在进行的活动，因此，无意注意既有积极作用，也有消极作用。

2）有意注意

有意注意是指有预定目的、需要一定意志努力的注意，是注意的一种积极、主动的形式。它服从于一定的活动任务，并受人意识的自觉调节和支配。

如幼儿要用积木搭一个动物园，他就要集中注意，不受其他活动干扰，并坚持努力才能把它完成。这样的注意就是有意注意，这是一种人所特有的注意形式，和无意注意有着质的不同。

引起和保持有意注意的主要条件如下：

（1）活动目的和任务的明确性

有意注意是一种有预定目的的注意。目的越明确、越具体，完成任务的愿望越强烈，那些和达到目的、完成任务有关的事物就越能引起和保持强烈的注意。

（2）对活动结果的兴趣

兴趣是引起注意的主观条件。兴趣可以分为两种：直接兴趣和间接兴趣。对事物本身和活动过程的兴趣是直接兴趣，对活动目的和结果的兴趣称作间接兴趣。有时，活动过程本身并不吸引人，甚至是非常枯燥乏味的，但活动的结果却很吸引人。直接兴趣在无意注意的产生中起重要作用，间接兴趣则与有意注意有关。

（3）活动组织的合理性

活动组织得是否合理，也影响有意注意的情况。比如一日生活是否有规律，不同性质的活动搭配得是否合适，如果户外活动后马上坐下来学习儿歌，十有八九要走神。把智力活动与实际操作活动结合起来，有利于维持注意。实际操作包括具体的肢体动作，如记笔记、写提纲、实际运算、看书时朗读出来。例如，学习数的分解与合成时，让幼儿操作材料；进行观察时，让他们触摸面前的实物等，这些动作对幼儿有意注意的维持特别起作用。

（4）与已有知识经验的关系

新刺激与人们已有知识经验的关系对有意注意也有重要影响。新刺激与已有知识经验差异太小，人们无须特别进行智力加工就能把握它，因而不需要集中注意。反之，差异太大，人们即使积极开动脑筋运用已有知识经验也无法理解它，注意也就很难维持下去。

（5）良好的意志品质

有意注意是需要意志努力来维持的，特别是在有干扰的情况下，更显出意志的重要性。这些干扰既可能是外界的刺激，也可能是机体的某些状态，如疾病、疲劳等，还有可能是一些无关的思想和情绪等。意志坚强的人能主动调节自己的注意，使之服从活动的目的和任务；意志薄弱者很难排除干扰，因而也不可能有良好的有意注意。

但是，必须明确，任何活动都不可能单纯依赖某一种注意形式。一方面要利用新颖、多变、刺激性强烈等特点引起幼儿的无意注意，另一方面还要激发幼儿的有意注意。因为单靠有意注意，时间一长便会产生精神上的紧张和疲劳，学前儿童尤其如此，如果给他们的任务单调枯燥，就更难保持长时间的注意。所以在活动中，应调动学前儿童两种注意相互转换，使他们既能有兴趣地、主动积极地进行活动，又不致引起精神紧张和疲劳。

教师要根据幼儿的年龄特点安排活动和教学工作。在教学活动中，教师要正确地运用语气的抑扬顿挫、姿态表情的变化，适宜地运用直观教具进行演示，掌握好时间长度，以引起和保持幼儿的无意注意。同时也要用明白易懂的语言，使幼儿明确活动的目的，了解活动可以得到的结果，并且随时激励他专注活动、坚持活动，以引起和保持幼儿的有意注意，提高活动的效果。

4 注意的品质

1）注意的稳定性

注意的稳定性是指注意集中于同一对象或同一活动中所能持续的时间。

2）注意的广度

注意的广度即注意的范围，指的是在同一时间内所能注意到的对象数目。影响注意广度的因素有：注意对象的排列形式、大小关系、相互联系程度。此外，还与已有的知识经验有关，如精通外语的人可"一目十行"，只懂一点外语的人注意范围窄。

3）注意的转移

注意的转移是指自觉地调动注意，使之从一个对象转换到另一对象上。反映注意的灵活性。注意的转移既可以发生在同一活动的不同对象之间，也可以发生在不同活动之间，如"万事开头难"，或是学完心理学，要努力将注意转移到下一堂课。它有别于注意的分散，是有目的、主动的。注意分散是消极的、被动的，如上课被外面噪声干扰，学生注意力分散。

注意的转移需要一个过程，如"万事开头难"与注意转移有关。转移的慢、快、难、易主要看对原来注意对象的兴趣如何，兴趣浓，转移难。

4）注意的分配

注意的分配是指在同一时间内把注意集中到两种或两种以上不同的活动上。

在日常生活中，经常要求人们同时注意更多事物，把注意分配到不同的对象上，如"耳听八方""眼看六路"，老师上课不仅要边看课件边讲述，还要关注学生的听课情况。

课题二　▶　学前儿童注意的发展

1　学前儿童无意注意的发展

3岁前的幼儿基本都属于无意注意。3～6岁儿童的无意注意已经相当发达。凡是鲜明、生动、直观、形象、活动、突然变化的事物以及与他们的经验有关、符合他们兴趣的事物，都能引起他们的无意注意。但由于各年龄班幼儿的生理心理发展以及所受教育等方面的差异，他们的无意注意也会表现出不同的特点。

1）小班幼儿的无意注意明显占优势，但不稳定

新异、强烈以及活动多变的事物很容易引起小班幼儿的注意，但注意的稳定性差，容易转移注意。他们入园后经过一段时间的适应，对于喜爱的游戏或感兴趣的学习活动，也可以时常进行。但是，他们的注意很容易被其他新异刺激所吸引。故事"小猫钓鱼"中，小猫就是小班幼儿的真实写照。此外，小班幼儿的注意很不稳定。因此，当一位幼儿因为得不到一个玩具而哭闹时，教师可以让他和其他的儿童玩别的游戏，以此转移他的注意。这时，他的脸上虽然还挂着泪珠，但是很快就会高兴地玩起来了。

2）中班幼儿的无意注意已进一步发展，且比较稳定

中班幼儿对自己感兴趣的活动能够较长时间保持注意，而且集中程度较高。如玩"小猫钓鱼"游戏，一看到花猫的头饰和漂亮的钓鱼竿便兴致很高，在游戏中能够较长时间地保持注意，玩个不停。在学习活动中，中班幼儿对感兴趣的活动，也可以长时间地埋头做。他们的注意不但能持久、稳定，而且集中程度很高。

3）大班幼儿的无意注意高度发展，相当稳定

大班幼儿对于感兴趣的活动能集中注意更长的时间，而且大班幼儿关注的不仅是事物的表面特征，他们的注意还开始指向事物的内在联系和因果关系。注意的这种变化与认识的深化有关。直观、生动的教具可以引起他们长时间的探究。中途突然中止他们的活动，往往会引起他们的反感。同样，大班幼儿可以较长时间地听教师讲述有趣的故事，不受外界干扰，对于影响讲述的因素会明显地表现出不满，而且会设法加以排除。大班幼儿的无意注意已高度发展且相当稳定。

2　学前儿童有意注意的发展

儿童在幼儿前期已出现有意注意的萌芽，进入幼儿期后，有意注意逐渐形成和发展。有意注意是由脑的高级部位，特别是额叶控制的，额叶的发展比脑其他部位的发展迟缓。幼儿期额叶的发展为有意注意的发展提供了条件。有了这个条件，有意注意在成人的要求和教育下就开始逐渐地发展。

小班幼儿的注意是无意注意占多数，有意注意只是初步形成。小班幼儿逐渐能够依照要求，主动调节自己的心理活动，指向并集中到应该注意的事物上，但有意注意的稳定性很低，心理活动不能有意持久地集中于一个对象上。在良好的教育条件下，他们一般也只能集中注意3～5分钟。此外，小班幼儿注意的对象也比较少，如上课时，教师引导幼儿观察图像，他们往往只注意到图像中心十分鲜明或者十分感兴趣的部分，边缘部分或背景部分不容易引起注意。所以，为小班幼儿制作图片时，内容应尽量简单、明了，突出中心。呈现教具时，也不能一次呈现过多。此外，教师还要具体指示儿童应注意的对象，使幼儿明确任务，以延长幼儿注意的时间，并使其注意到更多的对象。

中班幼儿随着年龄的增长，在正确教育的影响下，有意注意得到了发展。在适宜条件下，注意集中的时间可达到10分钟左右。在短时间内，他们还可以自觉地把注意集中于一种并非十分吸引他们的活动上，如上手工活动课时，为了折好纸，会耐心地听老师讲解，然后自己折纸。

大班幼儿在正确的教育下，有意注意会迅速发展。在适宜条件下，注意集中的时间可延长到10～15分钟。这样，他们就能够按照教师的要求去组织自己的注意。在观察图片时，他们不仅可以了解主要内容，也可在教师的提示下或自觉地注意图片中的细节和衬托部分。听故事时，他们可以根据自己的体验去推测故事中人物的心理活动和内心想法。有时在下课后，他们还会找老师讲述一些课堂上的问题以及自己的想象和推测等。这说明大班幼儿的有意注意已有了相当的发展。

资料3-3

"当你垒宝塔的时候，下面要选最大的积木。对！就是那个最大的，还有没有？再找找看！"于是幼儿就找最大的积木搭他的宝塔了。想一想，老师的这段话有助于幼儿什么注意的产生？这是什么因素对幼儿产生的影响？

---

3 学前儿童注意品质的发展

注意具有广度、稳定性、转移和分配等四种品质。在幼儿期，儿童注意的品质在良好的教育下不断发展。

1）注意广度的发展

注意广度也称为注意的范围，是指在同一瞬间所把握的对象的数量，影响因素有注意对象的特点、主体的知识经验。

成人在1/10秒的时间内，一般能够注意到4～6个相互间无联系的对象。幼儿至多只能把握两三个对象，注意广度比较窄。不过，随着年龄和知识经验的增长以及生活实践的锻炼，注意广度会逐渐扩大，但总的来说，幼儿注意的广度还比较小。所以，不能要求他们在很短的时间内注意到较多的事物。

2）注意稳定性的发展

注意稳定性指把握对象的时间的长短。影响注意稳定性的因素：注意对象的特点、注意主体的精神状态、注意主体的意志力水平。注意对象单调无变化，不符合幼儿的兴趣，注意的稳定性就小；反之，对象新颖生动，活动方式适宜、有趣，注意的稳定性就大。

幼儿对有趣生动的对象可以较长时间地注意，但对乏味枯燥的对象难以维持注意。总的来说，幼儿注意的稳定性比较差，难以持久地、稳定地进行有意注意。但在良好的教育影响下，幼儿注意的稳定性不断发展着。注意的稳定性随着年龄的增长而增强，小班幼儿一般能稳定地集中注意3～5分钟，中班幼儿可达10分钟左右，大班幼儿可延长到10~15分钟。但总体而言，幼儿的注意稳定性不强，特别是有意注意的稳定性比较低，容易受到外界无关刺激的干扰。

3）注意转移的发展

注意的转移指有意识地调动注意，从一个对象转移到另一个对象上，反映了注意的灵活性。

幼儿还不善于调动注意。小班儿童更不善于灵活转移自己的注意，以至于在注意另一对象时，难以从原来的对象移开。大班幼儿能够随要求而比较灵活地转移自己的注意。

注意的转移与注意分散的区别：转移是有目的、主动的，是主体根据任务需要自觉地将注意指向新的对象或新的活动；分散则是被干扰、消极的、被动的，是受到无关刺激的干扰而使注意离开活动任务的表现。

4）注意分配的发展

注意的分配指在同一时间内把注意集中到两种或几种不同的对象上。

幼儿跳舞时，常常注意动作，就忘了表情；做操时，常常注意了动作，就无法保持队形的整齐。这些现象说明幼儿还不善于同时注意几个对象，往往顾此失彼。但幼儿期中，他们的注意分配能力逐渐提高。如大班幼儿做体操时，既能注意做好自己的动作，又能注意保持体操队形的整齐。

| 课题三 | 注意规律在幼儿园活动中的应用 |

注意对于动物来说具有极重要的生存意义；对人类来说，由于人的心理活动中有了语言的参与，注意更具有了特殊意义。概括地说，注意有下列三种功用。

其一，选择功用。注意使心理活动能够选择合乎需要的、与当前活动相一致的、有一定意义的信息，同时排除其他与当前活动矛盾的或起干扰作用的各种影响，使认识对象更加明确。如果没有注意，心理活动便很难正常进行。例如，在学习时，注意使儿童能够专心听教师讲课，不受其他刺激干扰。

其二，保持功用。注意使反映的对象一直维持在意识之中，直到目的达到为止。例如幼儿画画时，如果他把注意力集中在画画上，就能一直专心工作，直到画完为止。

其三，调节和监督功用。当外界情境、本身状态或反映对象发生变化时，注意这种心理现象促使他们的各方面进行调整，使心理活动处于一种积极状态中，能始终有效地进行。例如，幼儿用积木搭一座大桥时，如果别的儿童在旁边玩其他的游戏，就会使他分心；或者遇到困难，会发生动摇；这时注意使他调节心理状态从而集中心思，克服困难，监督他继续把大桥搭成。有些幼儿的心理活动之所以不能继续坚持达到预定目的，往往是因为他们注意的调节监督机制没有完善发展或没有很好地发挥作用。

由上可知，注意对人的生活有着极其重要的意义。它使人能随时觉察外界的变化，集中自己的心理活动，正确反映客观事物，更好地适应和改造客观世界。对学前期的儿童来说，注意在儿童心理的发展中有着更特殊的意义和价值。对学前期的儿童来说，注意能使儿童从周围的环境中获得更清晰、丰富的信息。注意是幼儿活动成功的必要条件。

在整个学前期，尽管儿童的注意能力逐渐在提高，但由于幼儿生理发展的限制以及知识经验的不足，他们的注意力发展水平总体上还很差，特别容易出现注意分散现象。幼儿还不能长时间地把注意集中在应该集中的对象上，有的甚至表现出多动症的行为。所以，客观分析学前儿童注意分散和多动的原因，根据儿童注意发展的年龄特征，正确地应用注意规律对儿童进行注意分散的预防，是幼儿教师和家长必须注意的首要问题。

1 学前儿童注意分散的原因

引起学前儿童注意分散的原因很多，主要有下列五种：

1）无关刺激过多

幼儿的注意是无意注意占优势。他们容易被新异的、多变的或强烈的刺激物所吸引，加之注意的稳定性较低，容易受无关刺激的影响。例如，活动室的布置过于繁杂，环境过于喧闹，甚至教师的服饰过于奇异，都可能影响幼儿的注意，使他们不能把注意集中于应该注意的对象上。实验表明，让幼儿选择游戏时，一般以提供四五种不同的游戏为宜，不宜提出太多的游戏，否则，他们既难选择，也难集中注意玩好。

2）疲劳

幼儿神经系统的机能还未充分发展，若长时间处于紧张状态或从事单调活动，便会发生疲劳，出现"保护性抑制"，起初表现为无精打采，随之注意力开始涣散。所以，幼儿教育要注意动静搭配，时间不能过长，内容与方法要力求生动多变，引起兴趣，防止幼儿疲劳和注意力涣散。

造成疲劳的另一重要原因是缺乏科学的生活规律。有的家长不重视幼儿的作息，晚上花费很长时间看电视，或让他们和成人一样晚睡，导致他们睡眠不足，许多幼儿双休日回家后，父母为他安排过多的活动，如游公园、逛商店、访亲友等，破坏了原来的生活规律，这样会使他们得不到充分休息，而且过分兴奋。相关调查表明，幼儿在星期一情绪最难稳定，注意经常涣散，这对学习和活动极为不利。

3）目的要求不明确

有时，教师对幼儿提出的要求不具体，或者活动的目的不能被幼儿理解，也是引起幼儿注意涣散的原因。幼儿在活动中常常因为不明确应该干什么而左顾右盼，注意力转移，影响其积极从事相应活动。

4）注意不善于转移

幼儿注意的转移品质还没有充分发展，因而不善于依照要求主动调动自己的注意。例如，幼儿听完一个有趣的故事，可能会长久地受到某些生动的内容情节影响，注意难以迅速地转移到新的活动上去，因而从事新活动时，往往还"惦记"着前一活动而出现注意分散的现象。

5）无意注意和有意注意没有并用

教师只组织幼儿一种注意形式，也会引起注意分散。例如，只用新异刺激来引起幼儿的无意注意，当新异刺激失去新异性时，他们便不再注意。如果只调动有意注意，让儿童长时间地主动集中注意，也容易引起疲劳，结果会使注意更易分散。

2 学前儿童注意分散的防止

针对幼儿注意分散的原因，教师应采用适当措施防止注意分散。

1）防止无关刺激的干扰

幼儿进行游戏时，不要一次呈现过多的刺激物，上课前应先把玩具、图画书等收齐放好，上课时运用的挂图等教具不要过早呈现，用过应立即收好。对年幼的儿童更不要出示过多的教具。教师本身的装束要整洁大方，不要有过多的装饰以免分散儿童的注意力。

2）制定合理的作息制度

应制定合理的生活起居制度，使幼儿有充分的睡眠和休息。晚间不要让幼儿看电视到太晚；周末不要让幼儿外出玩得太久。要使幼儿的生活有规律，保证他们有充沛的精力从事学习等活动，防止注意力分散。

3）培养良好的注意习惯

成人应培养幼儿集中注意学习、集中注意工作的良好习惯，使他们在学习或参加其他活动时不要随便行动或漫不经心，让他们在活动中养成集中注意的习惯。

4）适当控制儿童的玩具和图书的数量

这里不是指购买的数量，而是阶段时间内提供给幼儿的数量。玩具过多，儿童一会儿玩玩这个，一会儿玩玩那个，很容易什么活动也开展不起来，什么玩具也玩不长。留下适当数量的活动材料，其余的收起来，不仅常玩常新，也有利于儿童注意力的培养。儿童玩具应该少而精。

5）不要反复向幼儿提要求

教师和家长向儿童提要求或嘱咐时，唯恐他们没听见或没记住，就反复说上许多遍，这种做法十分不利于培养儿童注意听的习惯。因为在他们看来，这次没有注意没关系，反正家长还会再讲。如果家长没有这些唠叨的习惯，儿童反而可能会注意听。

6）灵活地交互运用无意注意和有意注意

教师可以运用新颖、多变、强烈的刺激，激发幼儿的无意注意。但无意注意不能持久，而且学习等活动也不是只靠无意注意所能完成的，因而还要培养和激发幼儿的有意注意。教师可向幼儿讲明学习本领和做其他活动的意义和重要性，说明必须集中注意的道理，使幼儿逐渐能主动地集中注意，即使对不十分感兴趣的事物也能努力注意，自觉地防止分心。教师应灵活交替运用两种注意形式，使幼儿能持久地集中注意。

7）提高教学质量

教师要积极提高教学质量，这是防止幼儿注意分散的重要保证。教师要从多方面改善教学内容，改进教学方法。所用的教具要色彩鲜明、突出中心，能吸引幼儿的注意；所用的语词要形象、生动，为幼儿所能理解，这样做容易引起幼儿注意。此外，教师要积极引起幼儿的兴趣，激发他们旺盛的求知欲和好奇心，以及良好的情感态度，以促进幼儿持久集中注意，防止注意受到干扰而涣散。

3 审慎处理幼儿多动现象

在学前期，我们经常感到有一些幼儿特别好动，注意力容易分散，结果不仅影响自己的学习，甚至破坏全班的秩序。这些多动的幼儿，常常因为周围细小的动静而不能集中注意力。他们玩积木、画图、听故事时，即使感到有兴趣，也只能在短时间集中注意力。他们参加规则游戏时，往往不注意听教师讲解游戏规则，所以游戏开始后并不知道怎样玩，有时甚至妨碍游戏的进行。在语言课、计算课等学习活动中，注意力分散的现象就更加明显。他们往往不能按照要求专心参加各种活动，专心听讲的时间很短暂，难以维持自己的注意。他们有时两眼盯着教师，貌似注意，实际上在开小差，根本没有听，当大家回答问题时，他们也会举起手来，但让他们回答时，却又茫然不知所问。这种儿童只有在教师的严格要求和不断督促下，才能把注意集中得稍久。

研究表明，这些幼儿的智力水平往往并不低下，只是注意分散、集中困难，以致严重地影响了学习成绩和以后的发展。

对这种多动的儿童，父母和教师十分担心，如果轻率地断定其是多动症患者，就是非常不恰当的。

多动症也称轻微脑功能失调，是一种行为障碍，主要特征是活动过多，注意力不集中，容易激动，行为冲动，情绪不稳定。

一个儿童是否患多动症，仅凭经验是难以正确断定的。对一个多动的幼儿，必须根据生活史、临床观察、神经系统检查、心理测验等进行综合分析才能确定，因此，不能轻易地把学前儿童的好动当作多动来对待。

作为一位教师，首先要从自己的教育和教学工作中检查确定儿童注意分散的原因，切不可把注意力容易分散的儿童轻率地视作多动症患者，而加以指斥和推卸责任。这样不仅不能使幼儿改正行为的缺点，还会使儿童从小贴上多动症的标签而影响他们以后心理的健康发展。教师要审慎处理多动的幼儿，重视幼儿注意分散现象，分析和确定原因，积极改善教育和教学工作，同时要积极培养幼儿良好的注意习惯，促进幼儿注意的发展。

学前儿童的感觉和知觉

1 感觉和知觉的概念

1）感觉

我们生活在一个丰富多彩的世界里，每天总是要接触各种客观事物，每一种客观事物都有着各种各样的属性，如颜色、形状、声音、硬度、湿度、气味、味道等。没有一个感觉器官可以把客观事物所有属性都加以认识，只能通过不同的感觉器官，分别去反映物体的这些属性，如眼睛看到了颜色、形状，耳朵听到了声音，鼻子闻到了气味，舌头尝到了滋味，皮肤感受到了物体的硬度、温度和光滑程度。每个感觉器官对物体一种属性的反映就是一种感觉。如我们面前放了一个红色番茄，我们是怎样认识它的呢？我们用眼睛看，知道它有红红的颜色，圆圆的形状；用嘴去咬，知道它味道又酸又甜；用鼻子闻一闻，知道它有淡淡的清香；拿在手上摸一摸，知道它表面光滑；掂一掂，知道它有一定的重量。我们的头脑接受并加工了这些属性，进而认识了这些属性，这就是感觉。感觉是人脑对直接作用于感觉器官的客观事物的个别属性的反映。

2）知觉

感觉反映了客观事物的个别属性，但任何客观事物的个别属性都不是孤立存在的，而是由多种属性有机结合起来构成的一个整体。例如，当一个红色番茄放在面前的时候，人们绝不会单纯地看到它的颜色，闻到它的气味，尝到它的味道，摸到它的表面……而是通过脑的分析与综合活动，从整体上同时认识到这是"红色番茄"，这种反映就是知觉，其实质是回答作用于感觉器官的客观事物"是什么"的问题。知觉是人脑对直接作用于感觉器官的客观事物的整体的反映。

3）感觉和知觉的关系

感觉和知觉都是人类认识世界的初级形式，都是人脑对直接作用于感觉器官的客观事物的反映，离开了客观事物对人的作用，就不会产生相应的感觉与知觉。

没有感觉就没有知觉，知觉是在感觉的基础上产生的。因为事物的整体是事物个别属性的有机结合，反映事物整体的知觉也是反映事物个别属性的感觉在头脑中的有机结合。要知觉整个事物，就必须先感觉到它的色、形、味等各种属性以及事物的各个部分。感觉越精细、越丰富，知觉就越准确、越完整。

知觉的产生是以头脑中的感觉信息为前提，并且与感觉同时进行的，知觉属于高于感觉的感性认识阶段。事物的个别属性总是不能离开事物的整体而存在，所以当人们感觉某一事物的个别属性时，就会马上知觉到该事物的整体。例如，在实际生活中，人们绝不会脱离苹果而孤立地看苹果的颜色，任何颜色必然是某种物体的颜色，当人们感受到某种物体的颜色或其他属性时，实际上已经知觉到该物体的整体。所以人总是以知觉的形式直接反映事物，感觉只是作为知觉的组成部分存在于知觉之中，很少有孤立的感觉，离开知觉的纯感觉是不存在的。因此，人们常把感觉和知觉连在一起，统称感知觉。

② 感觉和知觉的功用

人对客观世界的认识是从感知觉开始的。通过感知觉，人们获得了关于周围事物的特性以及自己身体方面最初的感性知识。人类的知识无论是来自自身经历的直接经验，或是通过阅读书本得到的间接经验，都是先通过感知获得的。感知觉所提供的内外环境的信息是人们获得知识的源泉，人类的知识无论多么复杂，都是建立在通过感知而获得的感性知识的基础上。

感知觉是比较低级、简单的心理过程，却给高级、复杂的心理过程提供了必要基础。没有感知觉，外部刺激就不可能进入人脑中，人就不可能产生记忆、想象、思维等高级心理过程。感知觉不仅为记忆、想象、思维等提供了材料，也是动机、情绪、个性特征等一切心理活动的必要基础。

没有感知觉就没有人的心理。当人的感觉被剥夺或因感知觉缺损不能正常感知时，人的心理就会出现异常，人就会出现严重的心理障碍甚至难以生存。感觉剥夺实验就是最好的证明。

在感觉剥夺实验中，人的记忆、想象、思维、言语能力都出现了不同程度的障碍，甚至还产生了幻觉与强迫症状，使正常的心理活动受到破坏。由此可见，感知觉对于维护人的正常心理、保证人与环境的平衡起着极为重要的作用。

课题二 ▶ **学前儿童感觉和知觉的发展**

① 学前儿童感觉的发展

学前儿童感觉的发生发展主要表现在视觉、听觉、触觉上。儿童的各种感觉从出生时就已经出现，但并非通过某一种感觉来认识和探索世界，通常是多种感觉协同进行。

1）视觉的发生和发展

人的视觉早在胎儿4~5个月时就发生了，虽然胎儿与外界隔着母亲的肚皮和子宫，但强光仍然很容易穿透。比如，当孕妇在进行日光浴时，胎儿即可感受到光的刺激，如果一束强光照在孕妇腹部，腹内的胎儿就会转脸避开光线。

在出生后的第一分钟，新生儿就能发现光亮的变化，能用眼睛追随刺激物。但在出生后的2~3周内，两眼运动仍不协调。新生儿视觉调节机能较差，视觉的焦点很难随客体远近的变化而变化。研究表明，婴儿要到两个月时才能改变焦点，直到4个月时其视觉调节已非常有效，视觉集中也逐渐由被动转变为主动，能像成人那样改变晶状体的形状以看清不同距离的客体。

资料4-1

　　视觉敏锐度简称视敏度，是指精确地辨别细小物体或远距离物体细微部分的能力。在临床医学上，视觉敏锐度称为视力。

　　在整个学前期，儿童的视觉敏锐度在不断地提高。我国现有的研究材料说明，1～2岁的儿童视力为0.5～0.6，3岁儿童的视力可以达到1.0，4～5岁后儿童的视力趋于稳定。

　　有测验表明，6个月以内是儿童视力发展的敏感期，这个时期如果出现发育异常，会引起视力丧失。弱视是儿童视觉发育障碍的一种常见病。弱视儿童的视力达不到正常水平，两眼不能同时注视同一目标，无立体感，不能判断自身的空间位置，分不清物体离自己的远近高低，定位不准确，不能完成精细动作。弱视的成人在许多工种方面及日常生活中受到较大限制，但儿童的弱视是可以治疗的。因此，对儿童弱视应及早发现和治疗。眼科有关研究证明：学龄前期是弱视治疗的最佳时期，无器质性病变的弱视患儿，经过及时治疗后，绝大多数可以获得正常视力，12岁以后疗效则较差。

2）听觉的发生和发展

（1）听觉的发生

　　医学研究表明，胎儿耳朵的构造（从外耳到内耳）大约在妊娠6个月时就已经基本发育完全，可以感受到声音。很多胎儿通过运动对大的声响如汽车喇叭声发生反应。我国研究者廖德爱和黄建华曾对妇产医院42名出生不到24小时的新生儿施以类似蟋蟀叫声的声音刺激，进行听觉测试。约83.3%的新生儿能在仅施以1～2次刺激的情况下较迅速地做出反应（如头扭动、眼珠转动、睁眼等），其余的新生儿虽然较慢（需3～5次刺激），但都有所反应。结果表明，出生第一天的新生儿就已有了听觉反应，半个月左右的新生儿把头转向声源的现象已较为普遍。

（2）听觉的发展

　　一般而言，1～2个月的婴儿似乎偏好乐音（有规律而且和谐的声音）而不喜欢噪声（杂乱无章的声音），喜欢听人说话的声音，尤其是母亲说话的声音；两个月以上的婴儿似乎更喜欢优美、舒缓的音乐而不喜欢强烈、紧张的音乐；7～8个月的婴儿乐于合着音乐的节拍而舞动双臂和身躯，对成人安详、愉快、柔和的语调报以欢愉的表情，而对生硬、呆板、严厉的声音表示烦躁、不安甚至大哭。学前儿童的听觉感受性有明显的个体差异，有的儿童感受性高些，有的则低些，但总的来说，听觉感受性随着年龄的增长和训练的进行不断完善。研究表明，在12～13岁以前，儿童的听觉感受性是一直在增长的，成年以后逐渐有所降低。

3）触觉的发生和发展

　　触觉既是皮肤受到机械刺激时产生的感觉，也是皮肤感觉和运动觉的联合。触觉是人体发展最早、最基本的感觉，也是人体分布最广、最复杂的感觉。

（1）儿童触觉的发生

　　在生活中经常可以见到，新生儿尿布湿了就会哭闹，这也是触觉的表现。实验证明，婴儿在第二个月时对皮肤的机械刺激已能建立条件反射。儿童从出生时起就有触觉反应，许多种天生的无条件反射都有触觉参加，如吮吸反射、防御反射、抓握反射等，都可以说是触觉的表现，甚至早产儿也能发生巴宾斯基反射。

（2）口腔的触觉

儿童出生后，不但有口腔触觉，而且能通过口腔触觉认识物体。对物体的触觉探索最早是通过口腔的活动进行的。口腔触觉作为探索手段早于手的触觉探索。有研究者记录了婴儿的口腔触觉探索活动，发现3个月的婴儿在吮吸时，对熟悉的物体吮吸的速度逐渐减低，出现习惯化现象。可是，换了新物体后，他又用力吮吸。这种事实表明，婴儿早期已经有了口腔触觉的探索活动，口腔触觉有了辨别力。

（3）手的触觉

手的触觉是通过触觉认识外界的主要渠道，触觉探索主要通过手来进行。

胎儿出生后即有本能性触觉反应，如抓握反射。当新生儿的手心碰到物体时，他会立即把手指收起，紧握该物体。继抓握活动之后，婴儿还会出现一些无意性的触觉活动。例如，当婴儿的手无意中碰到被子的边缘，就会沿着边缘抚摸被子，这种现象属于婴儿手的无意性抚摸，是一种早期的触觉探索活动。手的真正意义上的触觉探索，出现在第4～5个月，是以能够伸手抓住东西为标志的。手眼协调动作的出现是出生后头半年婴儿认知发展的重要里程碑。

2 学前儿童知觉的发展

1）空间知觉的发展

在知觉事物的时候，我们总是需要一个判断标准，这个标准称作知觉的参考系。空间知觉的参考系可分为两类：以知觉者自己为中心的参考系和以知觉者以外的事物为中心所建立的参考系。在一定的时间和空间里，知觉者总占据着空间的一个位置，其感觉信息往往是以知觉者个人为参考系而被接收的。

在通常的情况下，正常人的空间知觉主要依靠视觉和听觉，嗅觉有时也能起作用。在特殊情况下，还可以用其他感官来感知空间。例如，在黑暗中，靠触摸觉和动觉来确定周围物体与人之间的方位关系等。

（1）方位知觉

方位知觉是指对物体的空间关系位置和对个体自身在空间所处位置的知觉，如前、后、左、右、上、下、里、外、中间等方位词所标志的空间相对关系。

儿童出生后就有了听觉定位能力。婴儿出生后，已经能够对来自左边的声音做出向左侧看或转头的反应，对来自右边的声音则有向右侧转的表现。也就是说，虽然婴儿两耳之间的距离比成人短，声音到达两只耳朵的时间差比成人小，但婴儿已有听觉定位能力。正常婴儿主要依靠视觉定位。

皮亚杰、朱智贤等人的许多研究材料都说明，儿童是先学会辨别上下方位，然后能够辨别前后，最后才会辨别左右。

3岁的儿童能辨别上下方位；4岁儿童开始能辨别前后方位；5岁儿童开始能以自身为中心辨别左右方位；7岁后儿童才能以他人为中心辨别左右，以及辨别两个物体之间的左右方位。

儿童方位知觉发展早于方位词的掌握。当幼儿还不能很好地掌握左右方位的相对性和方位词的时候，幼儿园老师往往把左右方位词与实物结合起来。

由于幼儿辨别空间方位是从以自身为中心辨别过渡到以其他客体为中心辨别，因此，幼儿园教师在舞蹈、体育等活动中面向幼儿做示范动作时，在动作上要以幼儿的左右为基准，即进行"镜面"示范。

（2）形状知觉

形状知觉是对物体几何形体的知觉，依靠运动觉和视觉的协同活动。

实验证明，儿童在婴儿时期已经能辨别不同的形状，具有形状知觉的恒常性。3岁儿童基本能根据范样找出相同的几何图形，5～7岁儿童的正确率比3～4岁儿童高。对幼儿来说，不同几何图形的辨别难度有所不同，由易到难的顺序是：圆形、正方形、半圆形、长方形、梯形、菱形。儿童在幼儿初期，能正确掌握圆形、正方形、三角形、长方形。幼儿中期，能正确掌握圆形、正方形、三角形、长方形、半圆形、梯形；在幼儿晚期，能正确掌握圆形、正方形、三角形、长方形、半圆形、梯形。在教师指导下，幼儿能适当辨认菱形、平行四边形和椭圆形。

试验表明，当视觉、触觉、动觉相结合时，幼儿对几何图形感知的效果较好。他们在幼儿期的形状知觉和图形辨别，逐渐与掌握图形的名称结合。幼儿在还不能准确称呼图形或物体名称的时候，会在感知图形或物体的过程中，自发地用语词来称呼它们。如3～4岁的幼儿把圆形称为太阳、皮球，把半圆形称为月亮或半个太阳，把正方形叫作手绢等。

（3）距离知觉

距离知觉既是辨别物体远近的知觉，也是感知物体空间位置的知觉。它既是一种以视觉为主的复合知觉，也包括前庭觉等除嗅觉外的其他感觉。

深度知觉是距离知觉的一种。为了判断早期的婴儿是否具有深度知觉，吉布森和沃克在1961年设计了"视觉悬崖"实验。视崖装置的组成如下：在一张1.2米高的桌子的顶部是一块透明的厚玻璃，桌子的一半（"浅滩"）是用红白格图案组成的结实桌面，另一半是同样的图案，但它在桌面下面的地板上（"深渊"）。在"浅滩"边上，图案垂直降到地面，虽然从上面看是直落到地的，但实际上有玻璃贯穿整个桌面，使婴儿产生一种错觉，似乎是"悬崖"。在"浅滩"和"深渊"的中间是一块0.3米宽的中间板。实验时，36名6个半月至14个月的婴儿都被放在视崖的中间板上，让儿童的母亲分别在"浅滩"和"悬崖"两边招呼儿童。结果是，36名婴儿中有9名婴儿拒绝离开中间板。当另外27位母亲在"浅滩"的一侧呼唤她们的孩子时，27名婴儿都从中央板爬过"浅滩"来到母亲身边；但当母亲从视崖的"深渊"一侧呼唤儿童时，只有3名婴儿极为犹豫地爬过视崖的边缘。大部分婴儿拒绝穿过视崖，他们远离母亲爬向浅的一侧，或因不能够到母亲那儿而大哭起来。实验表明，婴儿已经意识到视崖深度的存在，说明婴儿已经具有深度知觉。

经验对距离知觉的发展起着重要作用。例如，幼儿能分清所熟悉的物体或场所的远近，对于比较广阔的空间距离，还不能正确认识。他们常常不懂得透视原理，不懂得近物大、远物小、近物清晰、远物模糊的原理，所以在绘画作品中，通常无法把实物的距离、位置、大小等空间特性正确表现出来，不能判断作品中人物的远近位置，如把图画中远处的树称为大树，把近处的树称为小树。

2）时间知觉

时间知觉是对客观现象延续性和顺序性的反映。时间本身没有直观形象，人也没有创造出专门的时间分析机器，所以我们无法直接感知时间。时间知觉的信息既来自外部，也来自内部。外部信息包括计时工具，也包括宇宙环境的周期性变化，如太阳的升落等；内部标尺是机体内部的一些有节奏的生理过程和心理活动，神经细胞的某种状态也可成为时间信号。用计时工具测量出的时间与估计的时间不完全一致。

心理学家发现，用计时工具测量出的时间与估计的时间不完全一致。人的时间知觉与活动内容、情绪、动机、态度有关。内容丰富而有趣的活动使人觉得时间过得很快，而内容贫乏枯燥的活动使人觉得时间过得很慢；积极的情绪使人觉得时间短，消极的情绪使人觉得时间长；期待的态度会使人觉得时间过得慢。

婴儿最早的时间知觉主要依靠生理上的变化产生对时间的条件反射，即因"生物钟"所提供的时间信息而出现的时间知觉，以后逐渐学习借助于某种生活经验（生活作息制度、有规律的生活事件等）和环境信息（自然界的变化等，如幼儿知道"天快黑了就是傍晚""太阳升起来就是早晨"等）反映时间。儿童在幼儿晚期，在教育影响下，开始有意识地借助于计时工具或其他反映时间流程的媒介认识时间。

资料4-2

　　学前儿童年龄越大，时间知觉的精确性越高。儿童在幼儿前期主要以人体内部的生理状态来反映时间，如到点就感到肚子饿想要吃东西。幼儿期儿童逐渐能够以外界事物作为时间的标尺。低年龄段幼儿，已经有了一些初步的时间概念，但往往与他们具体的生活活动相联系，如"晚上就是睡觉的时候"，有时也会用一些表示相对性的时间概念，如"昨天、明天"，但经常会用错，如"妈妈明天已经领我去奶奶家了"。一般说来，他们只懂得现在，不理解过去和将来。在幼儿中期，儿童既可以正确理解昨天、今天、明天，也会运用早晨、晚上等词，但对于较远的时间，如前天、后天便不太理解。如一个4岁半的幼儿问妈妈："我什么时候过生日？"妈妈说："后天。"儿童问："后天是什么时候？"妈妈说："再过两天。"儿童在第二天又问妈妈："到我生日了吧？"学龄前期幼儿，既可以辨别昨天、今天、明天等一些时间概念，也开始能辨别前天、后天，能分清上午、下午，知道星期几，知道四季，但对于更短的或更远的时间观念就很难分清，如马上、从前等。

　　儿童的时间知觉总是以生活中的具体事情或周围现象作为指标。如在生活中常听到学前儿童这样衡量时间："太阳升起来就是早上""天快黑了，就是傍晚"。

3 学前儿童观察力的发展和培养

　　观察是有目的、有计划、比较持久的知觉过程。观察既是知觉的高级形式，也是人从现实中获得感性认识的主动、积极的活动形式。科学研究表明，人的大脑所获得的信息，有80%～90%是通过视、听觉器官吸收进来的。因此，观察是人们学习知识、认识世界的重要途径。一切科学实验，一切科学的新发现、新规律，都是建立在周密的、精确系统的观察基础上的。达尔文在总结自己的成就时曾说："我既没有突出的理解力，也没有过人的机智，只是观察那些稍纵即逝的事物，并对其进行精确观察的能力，可能在众人之上。"巴甫洛夫一直把"观察、观察、再观察"作为座右铭。

　　观察力就是人在观察过程中表现的稳定的品质和能力。观察力既是构成智力的主要成分之一，也是智力发展的基础。

1）学前儿童观察力的发展

　　3岁前儿童缺乏观察力。他们的知觉主要是被动的，由外界刺激物特点引起。而且，他们对物体的知觉往往是和摆弄物体的动作结合在一起的。

　　随着年龄的增长，幼儿观察的目的性逐渐加强。幼儿初期常常不能自觉地去观察。观察中常常受事物突出的外部特征以及个人兴趣、情绪的支配，在观察过程中常常会忘掉观察任务。从幼儿中期开始，儿童能根据任务有目的地进行观察。任务越具体，幼儿观察的目的就越明确，观察的效果就越好。比如，让幼儿找出两幅图画的不同之处，如果明确告诉他们有几处不同，观察的效果就会显著提高。

　　儿童幼儿初期观察持续的时间很短。学者阿格诺索娃的实验表明，3～4岁儿童观察图片的时间只有6分8秒，5岁增加到7分6秒，6岁可达12分3秒。可见，幼儿观察持续的时间随着年龄的增长有显著提高。

（1）观察的细致性逐渐增加

幼儿的观察一般是笼统的，只看事物表面和显著的部分，而不去看事物较隐蔽的、细致的特征；只看事物的轮廓，不看其中的内部联系。如6岁左右的儿童往往在认识"n"和"m""工"和"土""日"和"月"等形近符号时出现混淆。随着年龄的增长，并经过系统的教育培养，幼儿观察的细致性就能够逐渐提高。

（2）观察的概括性逐渐提高

观察的概括性是指能够观察到事物之间的联系，它在幼儿初期还没有很好地发展。小班儿童的知觉仍然孤立、零碎，在观察中得到的是零散、孤立的现象，常常不能把所观察到的事物有机地联系起来。中晚期幼儿能够有序地进行观察，获得对事物各个部分及各部分之间关系的比较完整系统的印象，因此能比较顺利地概括出本质特征。

资料4-3

丁祖荫1964年的研究也说明，儿童对图画的认识逐渐概括化。他提出，儿童对图画认识的发展可分为4个阶段：

（1）认识"个别对象"阶段。他们只对图画中各个事物有孤立零碎的知觉，不能把事物有机地联系起来。

（2）认识"空间联系"阶段。他们只能直接感知到各事物之间表面的、空间位置的联系，不能看到其中的内部联系。

（3）认识"因果关系"阶段。他们观察各事物之间不能直接感知到的因果联系。

（4）认识"对象总体"阶段。他们能观察到图画中事物的整体内容，把握图画的主题。

该研究指出，幼儿对图画的观察主要处于"个别对象"和"空间联系"阶段。

（3）观察的方法逐渐掌握

幼儿知觉发展的另一个方面是观察方法的逐渐形成和掌握，幼儿的观察最初是依赖外部动作进行的，以后逐渐内化为以视觉为主的知觉活动。如在幼儿初期，儿童观察时常常要边看边用手指点，也就是说，视知觉要以手的动作为指导。以后，幼儿有时用点头代替手的指点，有时用出声的自言自语来辅助。在幼儿末期，儿童可以摆脱外部支撑，借助内部言语来控制和调节自己的知觉。

幼儿的观察是从跳跃式、无序的，逐渐向有顺序性的观察发展。幼儿初期的观察是跳跃式的，东看一眼，西看一眼，不讲顺序。经过教育，幼儿能够学会有顺序地从左向右、从上往下，或从外到里进行观察。

2）学前儿童观察力的培养

（1）明确观察的目的和任务

观察的效果如何，取决于目的任务是否明确。观察的目的任务越明确，观察时的积极性越高，对某一事物的感知就越完整、清晰。相反，目的任务不明确，幼儿就会东瞧瞧、西望望，抓不住要观察的对象，得不到收获。

学前儿童的观察目的性不强，他们观察的目的任务往往需要成人帮助提出，目标越具体越好。如在季节变换时带儿童去田野或公园，和他一起"找春天""找冬天"，观察天地、山水、动物、植物的变化；可以引导儿童对一些事物进行比较，找出异同，如牛、马、驴的异同，鸡、鸭、鹅、雁的异同等。为了提高观察效果，还可以边观察边用语言描述。师生、同伴之间还可以相互评议，看看观察得仔细不仔细，描述得逼真不逼真。如能经常这样做，定能提高学前儿童的观察力。

（2）激发观察的兴趣

"兴趣是积极性的源泉。"有了兴趣，学前儿童的观察才能由被动变为主动，观察才能持久。学前儿童喜欢观察色彩鲜艳、活动、新奇、大而清晰的物体和图像。在日常生活、户外活动、教育中，家长和教师要懂得保护和利用儿童的好奇心和求知欲，经常引导他们观察周围的事物，通过对他们观察的合理评价来激发他们主动观察的兴趣。

（3）教授有效的观察方法

从不同角度观察事物，会获得不同的信息和感受。出于不同的目的，观察不同的对象，观察的方法就不同。因此，观察事物必须掌握不同的方法。

由于学前儿童的经验和认识能力的限制，他们在观察客观事物时往往抓不住要点。因此，要教会学前儿童观察的方法，即应该教会儿童先看什么、后看什么、怎样去看，引导他们由表及里、由局部到整体或由整体到局部，由明显特征到隐蔽特征，由近及远，有组织、有顺序地进行观察。

（4）运用多种感官进行观察

客观事物的特征有很多，如颜色、大小、形状、声音、气味、软硬、光滑、粗糙、冷热等。在观察过程中，要尽量调动学前儿童的视觉、听觉、味觉、嗅觉、触觉等多种感觉器官参与观察活动，让他们多看、多听、多闻、多摸，这有利于学前儿童形成立体知觉形象，加深对客观事物的认识，也有利于提高大脑皮层分析综合活动的状态和活力。

课题三 ▶ 感知规律的具体内容

1 感觉的规律

感受性即人的感觉器官对适宜刺激的感觉能力。能引起感觉的最小刺激量叫感觉阈限。感受性是用感觉阈限的大小来度量的，两者成反比关系。

1）感觉的适应

感觉的适应是在刺激物持续作用下引起感受性的变化。这种变化既可以是感受性的提高，也可以是感受性的降低，有时也可能是感觉的消失。通常，强刺激可以引起感受性的降低，弱刺激可以引起感受性的提高。

资料4-4

在日常生活中，我们会发现各种适应现象，如"入芝兰之室，久而不闻其香；入鲍鱼之肆，久而不闻其臭"，就是嗅觉的适应；我们经常看到有些老年人把眼镜移到自己额头上又到处找眼镜，这是触压觉的适应；洗冷水澡的时候，开始觉得水很凉，但过了一会儿就不再感觉水那么凉了，这是皮肤觉的适应。

视觉的适应可分为明适应和暗适应。如从亮处进到暗室，开始什么也看不清楚，过了一会儿，对弱光的感受性逐渐提高，就能分辨出物体的轮廓了，这一过程就是暗适应。当从暗室走到阳光下时，最初一瞬间感到耀眼发眩，什么都看不清楚，但只要过几秒钟，视觉随即恢复正常，就能清楚地看清周围事物了，这种现象就是明适应。

2）感觉的相互作用

各种感觉不是孤立存在的，而是相互联系、相互制约的，不同感觉的相互作用，可以使感受性发生变化。这种变化既可以在几种感觉同时产生时发生，也可以在先后几种感觉中产生影响。一般的变化规律是：弱刺激能提高对同时起作用的其他刺激的感受性，强刺激会降低这种感受性。如牙疼可以因强烈的噪声而加剧，也可因抚摸皮肤而减轻；食物的颜色、温度会影响对食物的味觉；摇动的视觉形象会引起平衡觉的破坏，产生呕吐现象。

3）感觉的对比

感觉的对比是指同一感受器在不同刺激作用下，感受性在强度和性质上发生变化的现象。感觉的对比有同时对比和相继对比。

资料4-5

同时对比是指几个刺激物同时作用于同一感受器产生的感受性变化，马赫带现象就是同时对比的一个突出例子。"马赫带"是指人们在明暗交界处感到明处更亮而暗处更黑的现象，它是视觉系统的抑制作用引起的。当一个视觉感受器受到刺激的时候，由此产生的神经冲动将对邻近部位细胞输入的信号产生抑制性影响。如在明暗交界的地方，亮区一侧的抑制作用大于暗区的抑制作用，产生暗区更暗，亮区更亮的马赫带现象。又如灰色的长方形放在黑色背景上看起来要比放在白色背景上更亮些；如"月明星稀"，即天空上的星星在明月下看起来比较少，在没有明月的黑夜里看起来就明显地增多。

---

2 知觉的规律

人所处的周围环境复杂多样，人不可能在某一瞬间对众多事物进行感知，总是有选择地把某一事物作为知觉对象，与此同时，把其他对象作为知觉对象的背景，这种现象叫知觉的选择性。它是指从众多刺激中选择少数刺激加以优先知觉的特性。

知觉的对象与背景是互相依存互相转化的。如上课时当我们把注意力从教师黑板上的板书转移到多媒体播放的视频时，视频成为清晰的知觉对象，黑板上的文字则成了知觉的背景。

在大多数情况下，从背景中分出对象并不困难，但有时却很难，如从雪地里区分出白熊，从众多军人中找出自己的亲人并不容易，也就是说知觉的选择性会受到一些主客观因素的影响。

活动着的刺激物在相对静止的背景上容易被知觉，如闪烁的霓虹灯广告、多媒体等活动的教具，很容易被人知觉。根据这个规律，幼儿教师应当增强玩教具的活动性，尽量多利用活动模型、活动玩具以及多媒体教学设备等，使学前儿童获得清晰的知觉。

特征明显的刺激物容易被知觉。如一个踩高跷的人，走在大街上就容易成为知觉的对象。另外，刺激物本身各部分的组合、结构常是区分对象的重要条件。在视觉刺激中，距离相近或形态相似的各部分容易组成知觉的对象。根据这个规律，幼儿教师制作教具时，要布局合理。如在绘制挂图时，为了突出需要观察的对象或部位，周围最好不要附加线条或图形，注意拉开距离或加上不同色彩。凡是说明事物变化与发展的挂图，更应注意每一个图的距离，不要将它们混淆在一起。

从主观因素来看，已有知识经验的丰富程度，个人的兴趣、爱好与情绪状态等，都会影响对知觉对象的选择。根据这一规律，幼儿教师要善于调动学前儿童的积极性，帮助他们明确观察的目的、任务。例如，让中班幼儿观察一张内容较丰富的图片，他们会难以理解图片画面的内容。如果教师在幼儿观察图片前就提出明确的目的和任务，如"看看图画中有哪些小动物？它们在什么地方？在做什么？"，中班幼儿就能知觉出图画中的动物、地点、事件等信息。

知觉的对象具有不同的属性，由不同的部分组成，但是人并不把知觉的对象感知为个别的孤立的部分，而是把它知觉为一个统一的整体，这种特性称为知觉的整体性。它是指人们把知觉对象的各种属性和部分知觉为一个整体的特性。

知觉整体性的形成遵循着一定的规律：

（1）接近律

在空间、时间上彼此接近的部分容易被人知觉为一个整体。

（2）相似律

物理属性（强度、颜色、大小、形状）相似的个体易被知觉为一个整体。

（3）连续律

具有连续性或共同运动方向等特点的客体，易被知觉为同一整体。

知觉的整体性有益于人们快速地识别客观事物，只要抓住事物的主要特征就可以进行整体的反映，从而节省了时间和精力。

根据这一规律，幼儿教师要丰富学前儿童的知识经验，在组织学前儿童的教育活动时，要善于帮助学前儿童抓住事物的关键性特征。

在知觉过程中，人总是运用已有的知识经验，对感知的事物进行理解，使它具有一定的意义，并用词来标志它，知觉的这种特性就是知觉的理解性。

知觉的理解性是以知识经验为基础的。有关知识经验越丰富，对知觉对象理解得就越深刻、越全面，知觉也就越迅速、越完整、越正确。如一个有经验的医生在X光片上能够看到不为一般人所察觉到的病变；操作工人在机器运转的声响中能辨别出是否有故障，而门外汉则除了响声什么也听不出来。

当知觉的条件在一定范围内改变了的时候，被知觉的对象仍然保持相对不变的特性，这种特性称为知觉的恒常性。恒常性的种类包括形状恒常性、大小恒常性、亮度恒常性、颜色恒常性、方位恒常性等。

学前儿童的记忆

课题一 什么是记忆

记忆是人脑对过去经验的反映。记忆是在头脑中积累和保存个体经验的心理过程，如用现代信息加工论观点来解释记忆，就是信息的输入和编码、储存以及提取和输出的过程。人出生之后，就不可避免地接受来自客观世界的各种各样的刺激，这些刺激带来的信息，有的随着时间的流逝消失了，有的在人的大脑中保留下来，成为前面所说的经验。这里的"经验"，可以是人们曾感知过的事物、体验过的情感、思考过的问题或练习过的动作等。当它再次出现时，人们就能辨认出来，或在一定的条件下，这些"经验"又被人们重新回忆起来，这就是记忆。记忆不像感知觉那样是反映当前作用于感觉器官的事物，而是对过去经验的反映。

记忆是一种比较复杂的认识过程，包括识记、保持、回忆（再认和再现）三个基本环节，三者彼此联系。没有识记或者信息的输入和编码，就谈不上第二步的保持或储存，不经历上述环节，再认和再现或信息的提取就无法实现。因此，识记和保持是回忆的前提，回忆是识记和保持的结果与验证。

资料5-1

俄国伟大的科学家谢切诺夫曾说过："一切智慧的根源都在于记忆。"人所感知过的材料，必须通过记忆才能保持下来，如果没有记忆，人的想象无法产生，思维无法展开，也谈不上情感的萌发与意志的发展。在知觉中，人的过去经验有重要的作用，如果没有记忆的参与，人就不能分辨和确认周围的事物，以前感知过的所有事物都会变得陌生，每次都要重新去认识，人将永远停留在新生儿状态。在解决复杂问题时，由记忆提供的知识经验起着重大作用。所以说，记忆是整个心理活动的必要条件。

人在认识自然、改造自然的过程中，社会生活的各个方面都需要不断地丰富经验、积累知识。人们要发展动作机能，如行走、奔跑和各种劳动机能，就必须保存动作的经验。人们要发展语言和思维，也必须保存词和概念。可见没有记忆，就没有经验的累积，也就没有心理的发展。另外，一个人某种能力的具备、一种习惯的养成、一种良好的行为方式和人格特征的培养，也都是以记忆活动为前提。有了记忆，人们才能保存过去的反映，使当前反映在以前反映的基础上进行，使人能积累或扩大、完善或修正原有的经验，对行动更具指导价值；有了记忆，先后经验才能联系起来，使人的心理活动成为一个发展统一的过程。

记忆联结着人的心理活动的过去和现在，是人们学习、工作和生活的基本机能。离开了记忆，个体就什么也学不会，人的行为只能由本能来决定。所以，记忆对人类知识的积累、社会的发展有重要的意义。在一定意义上也可以说，没有记忆和学习，就没有我们现在的人类文明。

课题二	记忆的过程

识记是一种反复认识某种事物并在头脑中留下痕迹的过程，也就是把所需信息输入头脑的过程。整个记忆过程通常是从识记开始的。

1 无意识记和有意识记

根据识记时有无明确的目的性和自觉性，可把识记分为无意识记和有意识记。

1）无意识记

无意识记也叫不随意识记，是指事先没有预定的目的，也不需要任何意志努力的识记。人的相当一部分知识经验是通过无意识记获得的。人在生活中遇到的某些事件、所从事过的活动、看过的书报、看过的电影、听过的故事、接触过的人等，常常被无意地识记下来，甚至有的终生不忘。"潜移默化"就是这个意思。无意识记在人的生活、学习和工作中具有积极的意义和作用，因此我们不能忽视它。在教学中正确地组织儿童的无意识记并发挥它的作用也很有必要。

但是，并不是所有接触过的人与事物都能被无意识记。无意识记具有很大的选择性，只有对人们的生活具有重要意义，与人的活动任务和人们的需要、兴趣、情感相联系的事物，才容易被无意记住。同时，由于无意识记缺乏目的性，在内容上往往具有极大的偶然性、片段性和单一性，因此单凭无意识记难以迅速获得系统的知识技能。

2）有意识记

有意识记也叫随意识记，是指事先有一定的目的、任务，需要采取积极的思维活动和意志努力的识记。如临考前的复习、开会前对所做预案的浏览等。有意识记由于目的明确、任务具体、方法灵活，又伴随着积极的思维和意志努力，是一种主动而又自觉的识记活动。通过有意识记可以有效地获得系统而又完整的科学知识。所以，它在学习和工作中占主导地位。

2 机械识记和意义识记

按识记材料的性质以及材料的理解程度，可以把识记分为机械识记和意义识记。

1）机械识记

机械识记指在对识记材料没有理解的情况下，依据材料的外部联系机械重复所进行的识记。下述情形主要采用机械识记：一是材料有意义，由于学习者不解其意，只得采用机械重复的方式进行识记。例如，中小学生记忆不理解的公式、学前儿童记忆九九乘法表等。二是识记材料本身缺乏或少有意义联系。如记人名、地名、电话号码、外文生词、元素符号、历史年代、商品或仪器型号等。

机械识记的基本条件是多次重复、强化。它的优点是保证记忆的准确性，缺点是花费时间较多，消耗精力大，对材料很少进行加工。机械识记的效果远不如意义识记。尽管如此，它在人们的生活、学习和工作中仍是不可缺少的。因为总是有一些材料是无意义的，或一时难以理解而又必须记住的，先用机械识记储存在记忆中，以后逐步加以理解，可备实践之用。

2）意义识记

意义识记是根据事物的内在联系，在对识记材料理解的基础上所进行的识记。意义识记的基本条件是理解。理解是通过思维进行的，如了解一个词的含义、明确一个科学概念、懂得公式的由来和推导，把握课文的中心思想和段义等，都属于理解。清楚了所记材料的内涵、彼此间的联系以及与识记者已有知识结构的关联，就可以形成良好的意义识记。

由于思维活跃，揭示了事物内在的本质联系和关系，找到了新材料与已有知识的联系，并将其纳入识记者已有知识系统中来识记，意义识记在全面性、速度和牢固性等方面，均优于机械识记。

3 保持

保持是过去识记过的事物印象在头脑中得到巩固的过程。识记材料的保持并不是机械的、重复的结果，而是对材料进一步加工、编码、储存的过程。储存起来的材料会随着时间的推移或受后来经验的影响，在量和质上都发生某些变化。

资料5-2

　　质的变化是多种多样的。以让人们凭借记忆画图形为例，有以下几种情况：第一，简略、概括。原来图表中有些细节特别是不太重要的细节消失。第二，完全合理。根据记忆画的图形常比识记的图形更合理、更有意义。第三，详细、具体。在某些默画的图形中，人们增加了识记图形中所没有的细节，使图形更详细、更接近具体事物。第四，夸张、突出。它是指在与完整、合理的趋势相反的默画的图形中，把原识记的图形中某些特点突出、夸大，使它更具有特色。这说明识记不是一个简单的、被动保持过去经验的过程，而是一个积极的、创造的过程。

---

4 遗忘及其规律

遗忘既是与保持相反的过程，也是同一记忆活动的两个方面：保持住的东西就不会被遗忘，遗忘了的东西就是没有被保持住。保持越多，遗忘越少。

心理学的研究表明，遗忘是有规律的。德国心理学家艾宾浩斯最早对遗忘现象做了比较系统的研究。为了避免过去经验对学习和记忆的影响，他在实验中用无意义音节（由若干音节字母组成、能够读出但无内容意义，即不是词的音节）作为学习材料，用再次学习时所节省的时间或次数为指标测试遗忘的进程，即用节省法计算保持和遗忘的数量。他根据实验结果绘成描述遗忘进程的曲线，即著名的艾宾浩斯遗忘曲线。在艾宾浩斯之后，许多心理学家用无意义材料和有意义材料对遗忘的进程进行了研究，结果证实艾宾浩斯遗忘曲线基本上是正确的。

5 回忆

回忆是人脑对过去经验的提取过程，它包含着对过去经验的搜寻和判断。回忆既是识记、保持的结果和表现，也是记忆的最终目的。回忆有两种不同的水平：再认和再现。在心理学里，再认和再现被认为是评价记忆巩固水平的重要指标。

再认是指过去经历过的事物重新出现时能够识别出来。我们能够辨别出曾经听过的歌曲，叫出曾经熟识的人的名字，考试中的选择题、判断题的作答等，都是再认的表现。再认的速度和准确度受以下几个条件的制约：①对原有材料识记和保持的巩固程度。识记越充分，保持越牢固，再认就越快、越准确；反之，则容易发生再认困难或错误。②时间间隔。识记和再认之间间隔的时间越短，再认的效果越好。③以前经历过的事物及其环境条件的变化程度。如果当前呈现的事物与以前识记的事物相似程度高，或识记时的环境条件变化不大，就容易再认，否则难以再认。④主体的身心状态。再认者的思维活动积极主动，或者对事物存在着期待心理，则再认容易。另外，具有独立性个性特征的人比具有依存性个性特征的人再认更迅速、准确。

课题三 ▶ 记忆的种类

1 按记忆的内容划分

1）形象记忆

形象记忆是以感知过的事物的具体形象为内容的记忆。这种形象不仅仅是视觉的，也可以是听觉、嗅觉、味觉等。

2）情绪记忆

情绪记忆是以体验过的情绪或情感为内容的记忆。如我们第一次去国外的时候，对于国外的记忆是新鲜的、刺激的，并且可以在很长时间内记住很多的事情。

3）语词记忆

语词记忆是以概念、判断、推理等抽象思维为内容的记忆。人们对各门学科的概念、定理、公式、思想体系和规律的识记、保持和回忆，都属于语词记忆。

4）运动记忆

运动记忆是以身体的运动状态或过去练习过的动作形象为内容的记忆。它是形象记忆的一种形式，只是记忆的对象不是静态的人物、物体或自然景物的直观形象，而是各种运动的动作形象。过去的运动或操作动作所形成的动作表象是运动记忆的前提。

2 按保持时间长短来划分

记忆保持时间也称记忆的潜伏期，指的是从识记材料到能够对材料再认或再现（回忆）之间的时间间隔。

1）瞬时记忆

瞬时记忆又称感觉记忆，是指通过感觉器官所获得的感觉信息在0.25～2秒以内的记忆。感觉记忆有不同的类型，如视觉记忆、听觉记忆等。凡接触到感觉器官的信息，都成了瞬时记忆的内容。相对短时记忆而言，瞬时记忆保持的信息量较大，但它们都处于相对地未经加工的原始状态（如视后象就是这种记忆）。如果人不予注意，其信息便很快丧失，所以保持时间相当短。

2）短时记忆

短时记忆也称工作记忆，是指获得的信息在头脑中贮存不超过1分钟的记忆。如电话接线员接线时对用户号码的记忆就是短时记忆。短时记忆的容量又称记忆广度，指彼此无关的事物短暂呈现后能记住的最大数量。其容量是有限的，大约是5～9个组块。该容量并非绝对数量，如经适当编码，容量可加大。短时记忆是瞬时记忆和长时记忆的中间阶段。

短时记忆的信息经过复述，不管是机械复述，还是运用记忆术所做的精细复述，只要定时复习，就都可以转入长时记忆系统。

3）长时记忆

长时记忆是指信息在头脑中贮存1分钟以上甚至保持终生的记忆。长时记忆的容量似乎无限，但也有人认为它的范围是5万～10万个组块。信息来源于短时记忆的加工复述，也有由于印象深刻一次形成的。它的作用是把信息系统地保存起来，以便需要时提取。长时记忆中存储的信息如果不是有意回忆的话，人们是不会意识到的。只有当人们需要借助已有的知识经验时，长时记忆存储的信息再被提取到短时记忆中，才能被人们意识到。

课题四 ▶ 记忆的品质

1 记忆的敏捷性

记忆的敏捷性是指记忆速度的快慢，一般是指个人在一定时间内能够记住的事物的数量。记忆的敏捷性在人的智力发展中起着重要的作用，记忆速度快，就可以在同样的时间内获得更多的知识。记忆的敏捷牲与记忆的目的是否明确、注意力是否集中、是否理解识记材料和是否运用适当的识记方法有密切关系。

2 记忆的持久性

记忆的持久性既指记忆保持时间的长短，也指记忆保持的牢固程度。从生理学角度来说，记忆的持久性取决于条件反射的牢固性。条件反射建立得越牢固，记忆就越持久；条件反射建立得越松散，记忆就越短暂。人们的记忆在持久性方面也有很大差别。有的人记忆十分长久，可以维持多年；有的人却十分健忘，记不了多久就忘掉了。人们都希望自己的记忆长久，但是仅仅持久仍然是不够的，如果不善于灵活运用也是枉然。既有持久性又有运用的灵活性，才能牢固地掌握所学到的知识。

资料5-3

　　如何才能提高记忆的持久性呢？首先，要善于把识记的材料纳入已有的知识体系中，加深对识记材料的理解；其次，要对识记的材料进行及时和经常的复习，使条件反射不断强化而得到巩固。

3 记忆的正确性

　　记忆的正确性是指对原来记忆内容的性质的保持，使所识记的材料在再认或再现时没有歪曲。"正确性"是良好记忆最重要的特点。如果缺乏记忆的正确性，记忆的其他品质就失去了它们的价值。要提高记忆的正确性，我们就必须进行认真的识记，在大脑皮层之上建立精确的暂时性神经联系系统。在复习时要把类似的材料加以比较，防止混淆。

4 记忆的准备性

　　记忆的准备性是指能够根据自己的需要，从记忆中迅速而准确地提取所需要的信息，以解决当前的实际问题。记忆的准备性既是决定记忆效能的主要因素，也是判断记忆品质的最重要的标准。有的人尽管经验丰富、学识渊博，但在遇到实际问题时，不能用已有的知识迅速提出解决的办法，其重要原因之一，就是缺乏记忆的准备性。

　　人们进行活动的目的是储备知识，并使之备而有用，备而能用。记忆如果没有准备性，就失去了存在的价值。要提高记忆的准备性，最重要的是要把掌握的知识系统化，这样才能做到有条不紊地从记忆库中随时提取所需要的材料。

　　总之，记忆的四种品质有机联系，缺一不可。不能只限于某一方面的品质去评定一个人记忆力的好坏，必须用四个方面的品质全面衡量。

> 课题五　　记忆的特征

　　表象是保存在人头脑中的曾感知过的客观事物的形象，即感知过的事物在头脑中呈现出来的形象。它是同形象记忆有关的回忆结果。例如，提到过去的一位教师、同学或朋友，他的形象、他的举止就会出现在脑海里。

　　表象是在感知觉的基础上产生的，没有感知觉，记忆表象就不可能形成。例如，先天盲人没有颜色和色调的记忆表象，先天聋哑人也没有声音的记忆表象。因此，可以根据表象形成过程中起主导作用的感觉器官的种类，将表象分为视觉表象、听觉表象、嗅觉表象、味觉表象、触觉表象、运动觉表象等。

资料5-4

回忆起目睹过的人、物、风景等各种形象，是视觉表象；回忆起听过的刮风、流水、音乐等各种声音，是听觉表象；似乎闻到了兰花、玫瑰等花香，是嗅觉表象；尝到了梅子的酸甜可口，是味觉表象；回忆坐在大理石上的光滑凉爽感等，是触觉表象；对自己参加的舞蹈、艺术体操等的回忆，头脑中出现的是运动变化的动觉表象。

根据记忆表象的概括性程度，可将记忆表象分为个别表象和一般表象。个别表象是指对某一个特定对象在多次感知基础后产生的表象，反映了个别事物的特征。

表象是在感知觉基础上产生的，感知觉中的客观事物是具体、形象、直观的，所以在头脑中形成的表象也具有直观性和形象性。但是，表象和感知觉又有显著的区别。无论多么清晰的表象，总比不上客观事物直接作用于人的感官时那样确切、鲜明、生动，表象活动反映的客观事物相对较模糊、不太精确。

表象产生于感知，但并不是一次感知的结果，它是经过不同时间或在不同条件下，对同一事物或同一类事物多次感知而形成的综合的概括化形象，并不是某一次感知的个别特点的反映。无论是个别表象还是一般表象都具有概括性。

资料5-5

人们对一年四季的感知，在头脑中留下的四季表象往往是春天——鸟语花香，夏天——烈日炎炎，秋天——果实累累，冬天——白雪飘飘。这是关于四季的一般特征的形象反映，每个季节中的个别特点消失了，具有明显的概括性。当然，表象的概括性是有限度的，是一定范围内的概括，属于形象概括。其中，混杂有事物的本质和非本质属性，不同于借助语词实现的思维水平上的概括，思维水平上的概括反映了事物的本质属性，是更高层次的概括。

课题六　学前儿童记忆的发展

1 3岁前儿童记忆的发生与发展

新生儿的记忆是短时记忆，主要表现为最初的条件反射和对刺激的"习惯化"。如母亲喂养新生儿时，往往先把他抱成某种姿势，然后再开始喂。不用多久（1个月左右），新生儿便对这种喂奶的姿势形成了条件反射：每当被抱成这种姿势时，嘴唇还未触及奶头，新生儿就已开始了吮吸动作。

6个月左右，婴儿开始"认生"，只愿意亲近妈妈及经常接触的人，陌生人走近时，一般会感到不安。这种现象表明婴儿产生了明显的再认活动。一般来说，在再认方面，两岁儿童能再认2个星期以前感知过的事物，3岁儿童能再认几个月以前感知过的事物。婴儿末期，"再现"的形式开始萌芽，1~2

岁时才逐渐出现。2岁儿童能再现几天以前的事，3岁儿童能再现几个星期以前的事情。

资料5-6

　　为什么再认会先于再现发生？这是由于两者的活动机制不同。再认依靠的是感知，再现依靠的是表象。感知是儿童自出生以后就已经具有或开始发展的，表象则在1.5～2岁才开始形成。另外，感知的刺激是在眼前的，立即可以引起记忆痕迹的恢复；表象的活动，则有待儿童在头脑中进行搜索。

　　不同的记忆发生的时间也不同，它们的出现有一定的时间顺序。最早出现的是运动记忆（出生后2周左右）→情绪记忆（6个月左右）→形象记忆（6～12个月）→语词记忆（1～2岁）。儿童这几种记忆的发展，并不是简单地用一种记忆代替另一种记忆，而是一个相当复杂的相互作用的过程。

　　3岁前儿童的记忆富于情绪色彩，一般没有目的，带有很大的随意性。很容易记住那些引起他们情绪反映的、让他们有兴趣的、形象鲜明的人和事物。

2 3～6岁儿童记忆的发展

　　儿童进入幼儿期后，由于神经系统的逐步成熟，口头言语的迅速发展，知识经验的不断丰富，记忆能力在质和量上都有显著发展。

1）无意识记占优势，有意识记逐渐发展

　　3岁前，儿童只有无意识记。幼儿期虽是心理活动有意性开始发展的时期，但水平较差，记忆也是如此。识记虽已有发展，但仍以无意识记为主。幼儿在记忆过程中，他们既不善于有意识地完成成人提出的记忆任务，更不善于主动提出某个记忆任务。幼儿所获得的知识、经验大多数是在日常生活和游戏中无意识地、自然而然地记住的。

　　学前儿童无意识记的效果主要受以下因素的影响：

　　①客观事物的性质。直观具体、形象生动、鲜明活动的事物，因为突出的物理特点，容易引起他们的无意注意，也容易被他们在无意中记住。

　　②客观事物与主体的关系。对学前儿童生活具有重要意义的事物，符合他们兴趣的事物，能激起他们强烈情绪体验的事物，都容易成为他们感知和注意的对象，也容易成为无意识记的内容。

　　③客观事物成为学前儿童活动的对象或结果。当需要记忆的事物成为他们活动的对象或结果时，无意识记的效果也较好。

　　④活动中感觉器官参与的数量。多种感觉器官参与活动有助于提高无意识记的效果。

　　⑤活动动机的性质。活动动机不同，无意识记的效果也不同。

　　学前儿童有意识记的发展一般在4～5岁才能观察到，5～6岁的学前儿童记忆的有意性有了明显的发展，这时他们不仅能努力去识记和回忆所需要的材料，而且还能运用一些简单的记忆方法，如自言自语、自我重复等加强记忆。

　　学前儿童有意识记的发展有以下特点：

　　①学前儿童的有意识记是在成人的教育下逐渐产生的。成人在组织学前儿童进行各种活动时，或是在日常生活中，都会经常向他们提出记忆的任务。

　　②学前儿童有意识记的效果依赖于他们对识记具体任务的意识和活动动机。

　　③幼儿有意再现的发展先于有意识记。研究表明，幼儿达到有意再现的年龄略早于有意识记。在

不同的活动条件下，幼儿有意识记和有意再现的水平有所不同。

2）机械识记为主，意义识记迅速发展

幼儿以机械识记为主，是因为幼儿大脑皮质的反应性较强，感知一些不理解的事物也能够留下痕迹。幼儿知识经验比较贫乏，抽象思维刚刚萌芽，对许多识记材料不理解，不会进行加工，不善于在新旧知识间建立联系，只能死记硬背，进行机械识记。

幼儿的机械识记表现突出，并不意味着幼儿只有机械识记而没有意义识记，或者把幼儿机械识记的效果看成比意义识记的效果更好。实际上，幼儿期的意义识记正在迅速发展。幼儿在记忆过程中越来越多地依赖于理解，并把记忆材料加以系统化。

3）形象记忆占优势，词语逻辑记忆逐渐发展

幼儿形象记忆的效果优于语词逻辑记忆。在整个幼儿期，四种内容的记忆都在发展，但就形象记忆和语词逻辑记忆相比较而言，形象记忆仍占据主要地位，而且形象记忆的效果优于语词逻辑记忆。幼儿的形象记忆和语词逻辑记忆都随年龄的增长而发展，而且差别逐渐缩小。

4）记忆保持时间逐渐延长，记忆容量增加

再认和再现由于机制不同，潜伏期也不一样，再认潜伏期和再现潜伏期都随幼儿年龄的增长而延长。

5）幼儿记忆的意识性和记忆方法逐渐发展

随着年龄的增长，幼儿记忆过程的自觉意识性、记忆策略、方法都在逐渐发展。如有一个6岁幼儿，在一分钟时间内正确记住了17位数字：81726354453627189。他是经过自觉观察和思考，抓住了这些数字之间的规律性联系来进行记忆的。他发现，按顺序前后每两个数之和都是9，去掉最后一个9字，其余的数字排列都是对称的。这说明他能够对记忆材料进行分析，并依靠已有的算术知识，运用记忆策略，大大提高了记忆效果。

语言的参与使记忆过程的意识性和条理性都随着年龄增长有所提高。在一个实验里，给幼儿看一个图形，并且要求他们用拼图材料照样子拼出那个图形，拼完后检查他们对图形记忆的效果。小班幼儿只默默地看着图形，看完之后，一般是随手拿起碰到的材料，把它们胡乱拼凑在一起，而不是按范例拼图，他们对看过的图形也记不起来。中班幼儿开始运用记忆方法，观看图片时往往自动说出图片名称。大班幼儿明显地会使用语言帮助记忆，他们有时边看边说，有时只是默默地动嘴，自言自语，指导自己的识记过程。实验表明，幼儿起初不能自动把记忆形象和语词联系起来，不会用语词去帮助形象记忆。随着年龄增长，幼儿逐渐学会用语词帮助形象记忆。

课题七 ▶ **学前儿童记忆力的培养**

1 培养学前儿童对识记的兴趣和信心

情绪是心理的动力系统，记忆效果与人的情绪状态有很大关系。当学前儿童处于积极的情绪状态下，兴趣强烈，自信心足时，记忆的效果就能提高；反之，当其处于消极的情绪状态下，兴趣淡薄，

自信心弱时，记忆效果比实际能胜任的要差。因此，培养学前儿童记忆的兴趣与信心是非常必要的。家长和教师要注意创设良好的学习环境，激发学前儿童对识记材料的兴趣，培养学前儿童的识记自信心，使学前儿童形成一种"愉快地记—记忆效果好—从中感到愉快"的"良性循环"。

2 帮助学前儿童明确识记的目的

有意识记的形成和发展是学前儿童记忆发展中最重要的质变，识记的目的性直接影响记忆的效果。事实证明，学前期，尤其是幼儿初期，如果成人不提出具体的目的任务，儿童不会主动地记忆什么，而向儿童提出具体的要求，有利于调动他们记忆的积极性，从而增强记忆效果。因此，教师要在日常生活和各项活动中经常向学前儿童提出明确具体的识记任务和识记要求，并多用言语进行指导，促进他们言语调节机能的提高。需要注意的是，在向学前儿童提出明确、恰当的记忆要求的同时，对他们完成记忆任务的情况要给予及时的肯定和赞扬，这会使学前儿童更好地进行主动记忆。

3 教学内容具体生动，识记材料形象且富有趣味性

学前儿童的记忆以形象记忆和无意识记为主，色彩鲜艳、形象生动、新颖有趣、变化多动的材料，更能够满足他们的需要，激发他们强烈的情绪体验，使他们自然而然地记住这些材料。

在托管机构的各项活动中，教师要精心设计活动方案，准备丰富多彩、形象鲜明的教具玩具，提供儿童能直接操作的识记材料，语言要绘声绘色，生动有趣。这样不仅容易吸引学前儿童的注意，使教学内容成为记忆的对象，而且富有感情色彩，容易引起学前儿童的情感共鸣，反过来又加深了记忆，提升了记忆效果。事实证明，在对学前儿童的教育中，实际的操作、实物的呈现和直接的感知效果要优于单纯的语言描述。另外，教师还可以通过开展游戏、播放多媒体课件、戏剧表演（如木偶戏）等需要多种感官参与的活动来吸引学前儿童的注意，提高他们记忆的兴趣，这样可以使学前儿童以轻松、愉快的心情获得深刻的印象。

4 帮助学前儿童提高认识能力

学前儿童对记忆材料理解得越深，识记得就越快，保持的时间就越长。幼儿教师在各种教学活动中应该采取多种多样的方法，帮助学前儿童理解所要识记的材料，指导他们寓"记"于"思"，即在记忆过程中积极进行思维活动，启发他们将新旧知识挂钩，学会从事物的内部联系上去认识事物，力求使学前儿童在理解的基础上进行识记。

5 调动学前儿童多种感官参与记忆过程

为了提升学前儿童记忆的效果，在幼儿园教育活动中，教师要创造机会，尽量调动儿童的多种感觉器官参与活动，尽量让他们多看一看、摸一摸、听一听、闻一闻、尝一尝、做一做，形成多类型的记忆表象，并与需要识记的对象在大脑中建立多方面联系，从而获得多方面的感性认识，加深对客观事物的记忆，这样就容易记得完整、牢固。例如，在幼儿园科学教育活动"水的性质"中，要让学前儿童理解水的性质，除了让儿童观察水的三态变化外，还要让他们尽情地玩水，仔细地去闻，分辨水和醋、汽油等物质的不同气味，最后让学前儿童自己动手操作水的三态变化。这样关于水的性质的记忆，就比教师一味地讲给儿童听的记忆效果要好得多。

资料5-7

　　有人用幼儿园故事教学活动做了这样一个实验：同样一个故事，采取不同教学方法取得的效果就不同。当采取教师讲、幼儿听的教学方法时，幼儿当时只能记住20％～30％的故事内容，要完全记住故事内容，需要四五节课的时间；若采取教师讲、幼儿听，还跟着动嘴说一说的方法时，他们能记住30％～50％的故事内容，只用三节课的时间，幼儿就能记住故事的基本内容；如果采取教师讲，幼儿不但听、说，并且同时用手拿活动教具表演的办法时，他们的记忆内容可达65％～80％，一般只需要两节课的时间，就能较完整地复述甚至表演故事。

6　帮助学前儿童进行及时、合理的复习

　　学前儿童记忆保持时间短，记忆精确性差，容易发生遗忘。因而，给学前儿童布置识记的任务后，根据遗忘"先快后慢"的规律，及时合理地组织复习，是提高学前儿童记忆效果的好办法。同时，复习的方式要灵活多变，尽量避免简单机械的重复。可以结合教学和生活活动，采用如做游戏、猜谜语、讲故事、念儿歌、表演故事以及比赛、散步和体验日常生活活动等多种有趣的方法进行，让学前儿童在活动中对需要记忆的材料进行巩固。另外，对于内容、性质相似的材料，在记忆和复习时都要交错进行，避免互相干扰，以便提高学前儿童记忆的正确性。

学前儿童的想象

　　想象是对人脑中已有的表象进行加工改造，创造出新形象的心理过程。想象表象创造出的新形象的特点：①现实中存在，但个人尚未接触的事物形象，如南极和北极的冰天雪地。②现实中可能出现或尚未出现，如恐龙、未来人。③现实中根本不可能有的事物形象，如孙悟空、猪八戒。

　　这些新形象都是想象的结果，但是这些形象无一不是我们中国人的传统文化形象，因为想象的形象均来源于客观现实，非凭空产生。

　　新形象是从已有表象中，把所需部分从整体分解，按一定关系综合形成。如孙悟空是人身结合猴头，综合猴的机灵、人的智慧；猪八戒是从猪的形象性情加工而成。所以，想象的内容源泉是客观现实，是人脑对客观实现的一种反映形式。

1 想象与客观现实的关系

1）想象的原材料是现实事物的反映

　　想象中的新形象无论多么离奇、新颖，终究会在客观现实中找到它的组成部分。发明创造如此，艺术创造也是如此。没有记忆表象，或没有相应的感性材料，就不会有相应的想象。天生的聋人绝不能想象出美妙的音乐，天生的盲人也绝不能想象出五彩缤纷、紫花似锦的春天美景。他们没有相应的记忆表象，也就没有相应的想象表象。可见，想象来源于客观现实，同其他心理过程一样，想象也是人脑对客观现实的一种反映。

2）想象受到社会历史的制约

　　想象一般受需要和动机的推动，受思想、意图和目的的调节，而个人的需要、动机、思想、意图则受社会生活条件的制约，是社会生活要求的反映。因此，人想象的内容和水平也总是受社会历史条件、社会生产力和科学技术发展水平的制约。

资料6-1

古代人有"嫦娥奔月"的幻想，但绝不会有宇宙飞船的设想；《西游记》中猪八戒用的武器是九齿钉耙，唐僧西天取经是步行或骑马，却想象不到现代化的武器和交通工具。可见，想象不能脱离现实。

2　想象的功能

1）预见功能

人类活动同动物本能活动的根本区别就在于活动的预见性和计划性，也就是说人能实现对客观现实的超前反映。

2）补充功能

借助于想象，就可以弥补人类认识活动的时空局限和不足，超越个体狭隘经验的范围，对客观世界产生更充分、更全面、更深刻的认识。

3）代偿功能

想象能使人们从心理上得到一定程度的补偿。

3　想象的种类

根据想象的目的性和自觉性，可以把想象分为无意想象和有意想象。

1）无意想象

无意想象是没有预定的目的，在一定刺激作用下，自然而然地产生的想象。

2）有意想象

有意想象也称随意想象，是根据一定的目的、自觉地创造出新形象过程的想象。人们在实践活动中，为实现某个目标、完成某项任务所进行的活动，都有利于有意想象。

有意想象是人们从事实践活动的主要想象形式，根据有意想象内容的新颖性、独立性和创造性程度，又可分为再造想象和创造想象。

（1）再造想象

再造想象是根据语言的描述和非语言的描绘（图形、图表、模型等），在头脑中产生有关事物新形象的心理过程。

（2）创造想象

创造想象是根据一定的目的、任务，运用自己以往积累的表象，在头脑中独立地创造出事物新形象的心理过程。

4　想象在学前儿童心理发展中的意义

幼儿期是想象最活跃的时期，想象几乎贯穿于幼儿的各种活动中，对儿童的认知、情绪、游戏、学习活动起着十分重要的作用。

1）想象与学前儿童的认知活动

想象与感知、记忆等认知活动密切相关。儿童的想象并不是凭空产生的，要用头脑中已有的表象作为原材料，才可能进行。学前儿童头脑中已有的表象又是从哪里来的呢？它是过去感知过的事物在头脑中留下的具体形象。由此可见，想象与感知密不可分。

想象依靠记忆。儿童想象时所依靠的原有表象，是过去感知的事物依靠记忆在头脑中保持下来的形象。想象的发展有利于记忆活动的顺利进行。儿童的识记、保持、回忆等记忆活动，都离不开想象。儿童的想象越丰富、水平越高，越有利于儿童对识记材料的理解、加工，也就越有利于儿童对识记材料的保持和回忆。

思维也是在感知和记忆的基础上，对材料进行加工、改造，从而间接、概括地反映事物本质和规律的活动。想象过程的加工、改造，既可能符合客观规律，反映事物的本质，也可能是脱离实际的。那些符合客观规律的想象，是思维的一种表现，称为创造性思维。

资料6-2

"嫦娥奔月"表达了人类早就有登上月球的幻想，如今已变成现实。许多创造发明最早都起源于幻想。可见，不论是创造性思维一类的想象，还是幻想形式的想象，都和创造活动有关。由此可见，想象和思维的关系是十分密切的。

2）想象与学前儿童的游戏活动

学前儿童的主导活动是游戏，特别是象征性游戏，即便是学习，也往往通过游戏的方式进行。想象在学前儿童的游戏活动中起着十分重要的作用，这突出表现在想象是象征性游戏的首要心理成分。

3）想象与学前儿童的学习活动

想象是学前儿童学习活动所必不可少的。没有想象，就没有理解，而没有理解，就无法学习、掌握新知识。

课题二　学前儿童想象的发展与培养

1 学前儿童想象的发生

想象的发生既和儿童大脑皮质的成熟有关，也和儿童表象的发生、表象数量的积累以及儿童言语的发生发展有关。

儿童最初的想象，可以说是记忆材料的简单迁移。具体表现如下：两岁婴儿的想象，几乎完全重复感知过的情景，只不过是在新的情景下的表现。最初的想象是依靠事物外表的相似性而把事物的形象联系在一起的。最初的想象只是一种简单的代替，以一物代替另一物。

2 学前儿童无意想象和有意想象的发展

在幼儿的想象活动中，无意想象占主要地位。

1）学前儿童有意想象的发展

有意想象在幼儿期开始萌芽，幼儿晚期有了比较明显的表现。中班以后，幼儿的想象开始表现出一定的有意性和目的性。大班以后，幼儿的想象有了一定的独立性。他们开始对想象内容有了一定的评价，有意性增强。幼儿的有意想象是需要培养的，成人可以提出一些简单的任务，让儿童为了完成这一任务而积极想象。

2）学前儿童无意想象的特点

无意想象是最简单的、初级的想象，幼儿的想象活动主要是无意想象，主要表现为：

在活动中，幼儿往往是在行动中看到了自己的动作无意造成的物体形态之后，才想象到自己行动的意义。幼儿进行想象的过程往往也受外界事物的直接影响。因此，想象的方向常常随外界刺激的变化而变化，想象的主题容易改变。由于想象的主题没有预定目的，主题不稳定，所以幼儿想象的内容是零散的，所想象的形象之间不存在有机联系。

资料6-3

在游戏中，幼儿正在玩"开商店"的游戏，忽然看见别的小朋友在玩"打仗"，就去当上了"解放军"，和小朋友一起"拼杀"起来。他在画画中也是如此，一会儿画树，一会儿画兔子吃萝卜，一会儿又画汽车。

幼儿的想象往往不追求达到一定目的，只满足于想象进行的过程。我们常常发现，一个幼儿给小朋友们讲故事，乍看起来有声有色，既有动作，又有表情，实际听起来毫无中心，没有说出任何一件事情的情节及其来龙去脉。可是，讲故事者本人津津乐道，听故事的儿童们也听得津津有味，这种活动经常可以持续半个小时以上。他们都随着这种零乱的情节进行想象，感到满足。幼儿在游戏中的想象更是如此，游戏的特点乃是不要求创造任何成果，只需满足于游戏活动的过程，这也是幼儿想象活动的特点。

幼儿的想象不仅受外界刺激的影响，也容易为自己的情绪和兴趣左右。幼儿的情绪常常能引起某种想象过程，或者改变想象的方向。

3 学前儿童再造想象与创造想象的发展

再造想象在学前期占主要地位，在再造想象发展的基础上，创造想象开始发展起来。

1）学前儿童再造想象的发展

学前儿童最初的想象和记忆的差别很小，谈不上创造性。最初的想象都属于再造想象，幼儿期仍以再造想象为主。幼儿再造想象的主要特点是：

（1）幼儿的想象常常依赖于成人的言语描述

幼儿在听故事时，他的想象随着成人的讲述而展开。在游戏中，幼儿的想象往往根据成人的言语描述来进行，这一点在幼儿初期表现得更突出。

资料6-4

　　小班的一个儿童抱着一个娃娃，静静地坐着。老师走过来说："娃娃要吃饭了，咱们抱娃娃吃饭吧！"然后，儿童的想象才活跃起来，抱着娃娃做喂饭的动作。

　　（2）幼儿的想象常常根据外界情景的变化而变化

　　这一特点在谈到无意想象时已经涉及。从想象的发生和进行来说是无意的、被动的，从想象的内容来说是再造的。成人或年长儿童的无意想象可能有独立性和创造性，幼儿由于头脑中的表象贫乏，想象水平较低，无意想象一般是再造性的。

　　（3）想象中的形象多是记忆表象的极简单加工

　　幼儿常常无目的地摆弄物体，改变着它的形状，当改变了的形状正巧比较符合儿童头脑中的某种表象时，儿童才能把它想象成某种物体。由于这种想象的形象与头脑中保存的有关事物的"原型"形象相差不多，所以很难具有新异性、独特性。

2）学前儿童创造想象的发展

　　幼儿期是创造想象开始发生、发展的时期。幼儿创造想象初步的表现是在再造想象中逐渐加入一些创造性的因素。幼儿的创造性也常常表现为儿童提出一些不平常的问题。

4 学前儿童的想象与现实

1）想象脱离现实

　　幼儿想象脱离现实主要表现为想象具有夸张性。幼儿之所以喜欢听童话故事，就是因为童话中有许多夸张的成分。

　　由于认知水平尚处于感性认识占优势的阶段，因此往往抓不住事物的本质。比如，幼儿的绘画有很强的夸张性，但这种夸张与漫画艺术的夸张有质的不同。漫画的夸张是在抓住事物本质的基础上的夸张，往往具有深刻的意义。幼儿的夸张往往显得可笑，因为没有抓住事物的本质和主要特征，他们在绘画中表现出来的往往是在感知过程中给他们留下了深刻印象的事物。

　　情绪对想象过程有重要影响。幼儿的一个显著心理特点是情绪性强，他感兴趣的东西、希望的东西，往往在意识中占据主要地位。

2）想象与现实相混淆

　　幼儿常将想象的东西和现实相混淆，这是幼儿想象的一个突出的特点，把想象当作现实的情况在小班比较多。幼儿常把自己渴望得到的东西说成已经得到，把希望发生的事情当成已经发生的事情来描述。在参加游戏或欣赏文艺作品时，往往身临其境，把自己当作游戏中的角色，产生同样的情绪反应。成人要特别注意，不要把幼儿谈话中所提出的一切与事实不符的话，都简单地归之为说谎，并予以严厉的责备。

　　成人在理解了儿童的这些特点以后，要深入地了解，弄清真相。首先，要做儿童的忠实听众，平时还要引导儿童多观察、多经历，丰富儿童的生活经验和知识，理解儿童想象的那些不合理因素。想象中的荒诞、不符合常情，有时候恰恰是最有价值的，许多创造常常由此而来，所以一定要小心呵护儿童的想象。假如出现想象的混淆，应在实际生活中耐心指导，帮助幼儿分清什么是假想的、什么是真实的，从而促进幼儿想象的发展。

幼儿出现想象与现实相混淆的原因和幼儿感知分化发展不足有关。感知的分化不足，幼儿往往意识不到事物的异同，察觉不到事物的差别。例如小班幼儿在看木偶剧时，看到大老虎出场会感到害怕，中大班的幼儿则认识到这与真实的老虎不同，是假的，而不感到害怕。

儿童想象与现实相混淆是由于幼儿认识水平不高，有时把想象表象和记忆表象相混淆。有些幼儿渴望的事情，经反复想象在头脑中留下了深刻的印象，以至于变成似乎是记忆中的事情了。中、大班幼儿想象与现实混淆的情况已经有所减少。

5 学前儿童想象力的培养

1）丰富感性经验

想象虽然是新形象的形成过程，然而这种新形象的产生也是在过去已有的记忆表象基础上加工而成的，也就是说，想象的内容是否新颖、想象发展的水平如何，取决于原有的记忆表象是否丰富，原有表象的丰富与否又取决于感性知识和生活经验的多少。知识和经验的积累就是幼儿想象力发展的基础。

2）充分利用文学艺术活动发展幼儿的想象

幼儿想象力的发展离不开语言活动。想象是大脑对客观世界的反映，是需要经过综合分析的复杂过程，这一过程和语言思维密切相关。通过言语，幼儿得到间接知识、丰富想象的内容，也能表达自己的想象。美术活动更为幼儿的想象插上理想的翅膀。教学过程中，教师要激发幼儿的灵感，放飞幼儿的想象，点燃幼儿创造的火花，鼓励幼儿大胆作画，让幼儿充分发挥自己的想象力创造出优秀的作品。评价幼儿的美术作品，也不能以成人的眼光，更不能以"像不像"为标准。

音乐舞蹈活动也是培养幼儿想象力的重要手段。通过对音乐舞蹈的感受，幼儿可以运用自己的想象去理解所塑造的艺术形象，然后运用自己的创造性思维去表达艺术形象。

因此，音乐和舞蹈也为幼儿提供了想象的空间，培养了幼儿的想象力。

3）创造条件，让儿童们异想天开

给幼儿自由的空间，包括思想上的、行为上的，不要定格幼儿的思维，更不要扼杀幼儿的想象，要让儿童们异想天开。传统的教育往往很死板，直接告诉幼儿天是蓝的、太阳是圆的。这样做没有留给儿童想象的空间，扼杀了儿童想象的天性。当今的素质教育，应开发幼儿的创造性思维，培养儿童的创造性想象。

4）充分发挥玩具的作用

玩具为幼儿的想象活动提供了物质基础，能引起大脑皮层旧的暂时联系的复活和接通，使想象处于积极状态。玩具容易再现过去的经验，使幼儿触景生情，展开各种联想，启发幼儿去创造，促使幼儿去想象，有时幼儿可以长时间地沉浸在自己的玩具想象中。

5）利用游戏推动想象力

（1）角色游戏

可根据故事或童话的情节和内容，让儿童进行角色扮演，在角色扮演游戏中，儿童可发挥自己的想象力塑造角色。还可以让他注意现实生活中角色的特点，来丰富他的游戏情节，如在公共汽车上观察售票员是怎样工作的，到理发店理发时留心观察理发师的一举一动等。

（2）造型游戏

以游戏的形式来进行造型表现，可以让儿童用日常生活中常见的材料，如纸盒、泥沙等自由地或按主题地进行美术、工艺等方面造型的塑造。

（3）讲故事、改编故事、续编故事

讲故事本身是培养幼儿想象力的最佳手段。关键是教师的着重点应放在形象生动的语言上，并配合表演动作，描绘出故事中所包含的几个鲜明的画面，激发幼儿进入想象状态。一旦进入想象状态，他们便将老师的语言在头脑中变成了想象的画面，甚至就像在脑子中放电影、放录像一样。

学前儿童的思维

1 思维的概念

思维是人脑对客观事物间接的、概括的反映，它借助语言、表象或动作实现，是认知活动的高级形式。人们在学习、工作和生活中的"想"和"考虑"，就是指人的思维活动。思维跟感觉知觉一样，是人脑对客观现实的反映。

2 思维的热点

思维需要以一定事物为媒介来反映那些不能直接作用于感官的事物，表现为人能借助于已有知识经验，来理解和认识另一些没有被感知或不可能被感知的事物、事物间的关系及事物发展的进程。

思维反映的是一类事物所具有的共性，反映的是事物之间普遍的、必然的联系。在大量的感性材料的基础上，把一类事物的共同特征和规律性抽出来加以认识，这就是思维的概括性。概括性的水平反映着思维的水平，既是人们形成概念的前提，也是思维活动得以进行的基础。

3 思维的种类

1）直观行动思维

直观行动思维是在对客体的直接感知和实际操作过程中进行的思维。思维是在实际行动中进行的，离开了行动，思维也就终止。思维是在直接感知中进行的，思维不能离开直观的事物。

2）具体形象思维

具体形象思维是利用头脑中已有的具体形象（表象）来解决问题的思维，如艺术家、作家、导演、设计师等的形象思维就非常发达。

3）抽象逻辑思维

抽象逻辑思维是指运用言语符号形成的概念来进行判断、推理，以解决问题的思维过程，这是高级的思维方式。严格来说，学前期还没有这种思维方式，只有这种方式的萌芽。

成人在解决实际问题的过程中，往往综合运用三种思维方式。

抽象逻辑思维分为聚合思维和发散思维。

（1）聚合思维

聚合思维是将各种信息聚合起来，以得出一个正确答案或最好的解决方案的思维方式。

（2）发散思维

发散思维也叫求异思维，是根据已有信息，从不同角度、不同方向思考以寻求多样答案的思维方式。它是人们根据当前问题给定的信息和记忆系统中存储的信息，沿着不同的方向和角度思考，从多方面寻求多样性答案的一种思维活动。

在思维活动中，尤其在创造性思维的活动中，发散思维和聚合思维是密切联系的。对问题所做的种种假设，是发散思维；通过调查、实验，排除了一些假设，最后找到唯一正确的答案或有效方案，就是聚合思维。在一切解决问题的思维活动中，它们是相辅相成的。

4 思维的品质

1）思维的灵活性

思维的灵活性是指思考问题、解决问题的随机应变程度。思维灵活性的具体表现是，当问题的情况与条件发生变化时，思维能够打破旧框架，提出新办法。

2）思维的深刻性

思维的深刻性指是否善于透过纷繁复杂的表面现象发现本质，对事物是否剖析得彻底。

3）思维的敏捷性

思维的敏捷性是指思维过程的速度或迅速程度。它是人们在短时间内当机立断地根据具体情况做出决定、迅速解决问题的思维品质。

4）思维的逻辑性

思维的逻辑性是指思考和解决问题时，思路清晰，条理清楚，能严格遵循逻辑规律。无论是从事学习、工作还是处理日常生活问题，都要求思维具有严密的逻辑性。

5 思维在学前儿童心理发展中的作用

1）思维的发展是认识水平提高的一种标志

思维既是认识活动的核心，也是高级的认识过程，它的发展本身就是认识过程由低级阶段发展到高级阶段的结果和证明。

2）思维的发展促进幼儿情感、意志和社会性的发展

思维作为一种高级的认识活动，不仅对其他认识活动的发展有推动和促进作用，还对幼儿的情绪情感活动和意志活动的发展起着重要作用。

课题二　学前儿童思维的发展与培养

1 学前儿童思维发展的阶段性

学前儿童的思维从萌芽到成熟，经历了一系列演变，演变的历程主要表现在以下方面：从思维工具的变化来看，从主要借助于感知和动作到主要借助于表象，再过渡到借助于概念；从思维方式的变化来看，从直觉行动性思维到具体形象性思维，再过渡为抽象逻辑思维；从思维反映的内容来看，从反映事物的外部联系、现象到反映事物的内在联系、本质，从反映当前事物到反映未来事物。

1）直观行动思维（0～3岁）

学前儿童在进行这种思维的时候，只能反映自己动作所能触及的具体事物，依靠动作思考，而不能离开动作思考，更不能计划自己的动作，预见动作的效果。因此，学前儿童的直观行动思维依赖于一定的情境，离不开儿童自身的行动。思维只在动作之中进行，如婴儿离开玩具就不会玩游戏、玩具一变就马上中止游戏的现象，都是这种思维特点的表现。

此外，幼儿无法预见自己的动作会带来什么样的后果，也不能很好地控制自己的动作，这表明幼儿行动前没有计划和预定的目的，也不会预见行动的结果。

2）具体形象思维（3～7岁）

在幼儿期，幼儿活动范围的扩大、感性经验的增加、语言的丰富，为思维从直觉行动思维向具体形象思维发展创造了条件。具体形象思维是直觉行动思维演化的结果，具体形象正是儿童的直觉行动在思维中重复、浓缩而成的表象。具体形象思维在直觉行动思维中孕育起来并逐渐分化，以致成为幼儿期儿童思维的主要方式。

由于表象功能的发展，儿童思维逐渐从动作中解脱出来，也可以从直接感知的客体中转移出来，比直觉行动思维有更大的概括性和灵活性。但是思维仍然具有较大的局限性，尤其是在处理复杂问题的时候，具体形象往往产生干扰作用。

3）抽象逻辑思维（6岁以后）

幼儿期，特别是5岁以后，明显地出现了抽象逻辑思维的萌芽，具体表现在分析、综合、比较、概括等思维基本过程的发展，概念的掌握、判断和推理的形成，以及理解能力的发展等方面。

幼儿期的思维主要处于具体形象思维的水平，在整个幼儿期内，思维的特点又总是在不断发展变化的，体现了幼儿从直观行动思维向具体形象思维和抽象逻辑思维发展的趋势。可以大致地说，幼儿初期，即4岁前的幼儿思维是非常具体的，需要依赖大量的直观材料和动作进行思维；4岁以后，幼儿思维主要依靠在头脑里的具体形象进行。幼儿期儿童还保留着相当大的直觉行动思维的成分；幼儿晚期，抽象逻辑思维开始有了一定程度的发展。

2 学前儿童思维发展的特点

1）幼儿掌握概念的特点

概念既是思维的基本形式，也是人脑对客观事物的本质属性的反映。概念是用词来标示的，词是概念的物质外衣，也就是概念的名称。

学前儿童获得的概念几乎都是通过实例获得的。儿童在日常生活中经常接触各种事物，有些就被成人作为概念的实例（变式）而特别加以介绍，同时用词来称呼它，这就是通过语言理解获得概念。在较正规的学习中，成人也常用给概念下定义，即讲解的方式帮助儿童掌握概念。在这种讲解中，把某概念归属到更高一级的类或种属概念中，并突出它的本质特征十分关键。儿童只有真正理解了定义（解释）的含义才能掌握概念。以这种方式获得的概念不是日常概念（即前科学概念），而是科学概念。

儿童对概念的掌握受概括能力发展水平的制约。一般认为，儿童概括能力的发展可以分为三种水平：动作水平概括、形象水平概括和本质抽象水平概括。它们分别与三种思维方式相对应。

幼儿的概括能力主要属于形象水平，后期开始向本质抽象水平发展，这就决定了他们掌握概念的基本特点：

①以掌握具体实物概念为主，向掌握抽象概念发展。学前儿童掌握的各种概念以实物概念为主，在实物概念中，又以掌握具体实物概念为主，即掌握基本概念为主。

②掌握概念的名称容易，真正掌握概念困难。每个概念都有一定的内涵和外延。内涵即含义，是指概念所反映的事物的本质特征。如"动物"这个概念的内涵（本质特征）就是指一种生物，这种生物有神经、有感觉、能吃食、能运动。概念的外延是指概念所反映的具体事物，即适用范围。"动物"这一概念的外延（实例）就是指各种各样的动物，如鸟、兽、昆虫、鱼等。

从实例入手获得的概念基本上是日常概念，即前科学概念，内涵与外延难免不准确。只有在真正理解含义的基础上掌握的概念，才可能内涵精确，外延适当。这是幼儿的认知水平难以达到的。

2）学前儿童数概念的发展

学前儿童掌握数概念也是一个从具体到抽象的发展过程。数概念的掌握是以事物的数量关系能从各种对象中抽出，并和相应的数字建立联系为标志的。

学前儿童数概念发展大约经历了三个阶段：

①对数量的动作感知阶段（3岁左右）

这时，儿童对大小、多少有笼统的感知，即只能认识很少量物体的明显差异；能口说10以下的数词，能数5个以下的实物，口说的数和手的指点动作互相配合、协调（手口一致的点数），但点完后仍然很难说出所数实物的总数。

②数词和物体数量间建立联系的阶段（4～5岁）

这时，儿童能点数后说出总数，即有了最初的数群（集）概念，末期开始能进行少量物体的实物加减运算，并出现数量的"守恒"；能按数取物（5～15个）；能认识"第几"和前后顺序；可以借助实物进行10以内的数的组成和分解，能开始做简单的实物加减运算。

③数的运算的初期阶段（5～7岁）

从表象运算向抽象的数字运算过渡，即这时候的数词不仅是标志客体数量的工具和认识客体数量的手段，而且连同它所负载的概念也成为运算的对象。

从上述结果可以看出，儿童数概念的产生和发展经历了最初的对实物的感知，继之到数的表象，最后到数的概念水平这样的过程。社会教育文化水平对幼儿数概念的发展起到了很大的作用。

3）学前儿童的判断能力随年龄的增长而发展

学前儿童以直接判断为主，随着年龄的增长，间接判断能力开始形成并有所发展。判断的形式逐渐间接化、判断的依据逐渐客观化、判断的论据逐渐明确化。在幼儿期，判断能力已有了初步的发展。

（1）以直接判断为主，间接判断开始出现

判断可以分为两大类：感知形式的直接判断和抽象形式的间接判断。一般认为直接判断并无复杂的思维活动参加，是一种感知形式的判断。间接判断需要一定的推理，因为它反映的是事物之间的因果、时空、条件等联系。

学前儿童以直接判断为主。他们进行判断时，常受知觉线索的左右，把直接观察到的事物的表面现象或事物间偶然的外部联系，当作事物的本质特征或规律性联系。

（2）判断内容的深入化

幼儿的判断往往只反映事物的表面联系，随着年龄的增长和经验的丰富，开始逐渐反映事物的内在、本质联系。幼儿初期往往把直接观察到的物体表面现象作为因果关系。

资料7-1

　　向幼儿讲述这样两件事："明明正在看书，听到妈妈在厨房里喊他，他不知道有什么事要他帮忙，赶快向厨房跑去。进门时，由于跑得太快，不小心撞倒了门旁的椅子，上面放的10个杯子全摔碎了。""另一个小孩叫亮亮。有一天，妈妈出去买菜了，没在家，他赶忙爬上椅子够柜子上的果酱吃。下来时，一不小心，碰掉了1个杯子，摔碎了。"然后问他们："如果你是妈妈，你批评谁批评得厉害？为什么？"结果发现，年龄小的儿童倾向于严厉批评明明，因为他摔了10个杯子，而6~7岁的儿童中，已有相当一部分认为更应该批评亮亮，因为"他想偷吃东西"，"明明摔了10个杯子，可是他是想快点给妈妈帮忙，不小心碰的，不是想干坏事儿"。如何看待年龄小的幼儿倾向于批评明明的现象？

（3）判断根据客观化

幼儿初期常常不能按事物的客观逻辑进行判断，而是按照"游戏的逻辑"或"生活的逻辑"来进行。这种判断没有一般性原则，不符合客观规律，而是从自己对生活的态度出发，属于"前逻辑思维"。幼儿的判断从以对待生活的态度为依据，开始向以客观逻辑为依据发展。随着年龄的增长，幼儿逐渐从以生活逻辑为根据的判断向以客观逻辑为根据的判断发展。

（4）判断论据明确化

幼儿初期虽然能够做出判断，但是他们没有或不能说出判断的根据，或直接以他人的根据为根据，如"妈妈说的""老师说的"，他们甚至并未意识到判断的论点应该有论据。如幼儿晚期不断修改自己的论据，努力使自己的判断有合理的根据，对判断的论据日益明确，说明思维的自觉性、意识性和逻辑性开始发展。

4）学前儿童推理能力的发展

推理既是判断和判断之间的联系，也是由一个判断或多个判断推出另一新的判断的思维过程。推理可以分为直接推理和间接推理两大类。直接推理比较简单，是由一个前提本身引出某一个结论。间接推理是由几个前提推出某一结论的推理，又可以分为归纳推理、演绎推理和类比推理。学前儿童在经验可及的范围内，已经能进行一些推理，但水平比较低，主要表现在以下几个方面：

（1）抽象概括性差

学前儿童的推理往往建立在直接感知或经验提供的前提下，抽象概括性差，推理出来的结论往往与直接感知和经验的事物相联系。年龄越小，这一特点越突出。

（2）逻辑性差

学前儿童，尤其是年龄较小的儿童，往往不会推理。大些的儿童似乎有了推理能力，但思维方式与事物本身的客观规律之间的一致程度较低，常常不会按照事物本身的客观逻辑、给定的逻辑前提去推理判断，而是以自己的"逻辑"去思考。

（3）自觉性差

答案完全不受两个前提之间，甚至一个前提本身的内在联系所制约。学前儿童的推理往往不能服从一定的目的和任务，以至于思维过程时常离开推论的前提和内容。

5）学前儿童理解力逐渐增强

理解是个体运用已有的知识经验去认识事物的联系、关系乃至本质和规律的思维活动。由于思维发展的水平有限，学前儿童对事物的理解一般是不深刻的，直接理解居多。但在正确的教育下，随着儿童言语的发展和经验的丰富，理解的水平也不断提高。学前儿童对事物的理解有以下发展趋势：儿童对图画的理解，起先只理解图画中最突出的个别人物，然后理解人物形象的姿势和位置，再后理解主要人物或物体之间的关系。

直观形象有助于幼儿理解作品。年龄越小，对直观形象的依赖性越大。教师对幼儿进行道德品质的培养与教育，不应采用说教的方式，而应将道理寓于故事之中，或让儿童有感性的体验，原因也在此。

由于言语发展水平的限制以及幼儿思维的特点，儿童常依靠行动和形象理解事物。如小班儿童在听故事或者学习文艺作品时，常常要靠形象化的语言和图片等辅助才能理解。随着年龄的增长，儿童逐渐能够摆脱对直观形象的依赖，只靠言语描述来理解。但在有直观形象的条件下，理解的效果更好。从对事物做简单、表面的理解，发展到能理解事物较复杂、较深刻的含义。

（1）从理解与情感密切联系发展到比较客观的理解

如家长出算术题时，没有考虑到儿童对事物理解的情绪性，就必然会出现问题。这种影响对4岁前儿童尤为突出。因此，儿童对事物的理解常常是不客观的。较大的儿童开始能够根据事物的客观逻辑来理解。

（2）从不理解事物的相对关系发展到逐渐能理解事物的相对关系

儿童对事物的理解常常是固定的或极端的，不能理解事物的中间状态或相对关系。随着年龄的增长，幼儿逐渐能理解事物的相对关系。

3 学前儿童思维能力的培养

1）不断丰富学前儿童的感性知识

思维是在感知的基础上产生和发展的。人们对客观世界正确、概括的认识，绝不是主观臆造或凭空虚构的，而是通过感知觉获得大量具体、生动的材料后，经过大脑的分析、综合、比较、抽象、概括等思维过程才达到的。只有这样，才能反映事物的本质和内在联系。因此，感性知识越丰富，思维就越深刻。从某种意义上说，感性知识、经验是否丰富，影响着思维的发展。

2）帮助学前儿童丰富词汇，正确理解和使用各种概念

语言是思维的工具，学前儿童语言的发展，直接影响到思维的发展。要发展学前儿童的抽象逻辑思维，必须帮助学前儿童掌握一定数量的概念。概念总是用词来表达的。许多研究表明，学前儿童概括水平较低，与缺乏感性经验有关；除此之外，也与缺乏相应的概括性的语词有关。因此，在日常生活和教育、教学过程中，教师应该有计划地不断丰富学前儿童的词汇，并帮助学前儿童正确理解和使用各种概念，促进思维能力的发展。

3）开展分类练习活动，培养学前儿童的抽象逻辑思维能力

分类法既是用来测查学前儿童概括能力和掌握概念水平的，也是用来培养和发展学前儿童概括能力的。进行分类练习有利于发展学前儿童的概括能力、抽象逻辑思维能力。进行分类练习的方法很

多，例如，在学前儿童面前摆好正确归类的图片组，告诉学前儿童每组（类）的名称，适当地说明分组理由，然后让学前儿童自己说出各类图片组的名称和理由等。

4）激发幼儿的求知欲，保护幼儿的好奇心

好奇心是儿童的特点，他们对周围的环境充满探求的渴望，善于主动发现和探索事物的特点，在不断获取知识和信息的同时，使他们的思维力得到发展。在日常生活中，应鼓励学前儿童多想、多问，激发儿童的求知欲，保护儿童的好奇心。

5）通过智力游戏、实验等方式，培养学前儿童的创造性思维

智力游戏有助于培养学前儿童思维的变通性、流畅性和独特性，能促进学前儿童创造性思维的发展。智力游戏趣味性强，可以在活泼、轻松的氛围中唤起幼儿已有的知识印象，促使幼儿积极动脑进行分析、比较、判断、推理等一系列逻辑思维活动，促进幼儿思维抽象逻辑性的发展。

教师可以利用自然条件、简单实物、工具等，让幼儿亲自进行一些简易的小型科学实验，让他们在动手时动脑，并从中有所发现、有所提高。

学前儿童言语的发展

课题一 言语的概述

语言是社会约定俗成的一种符号系统，也是一种社会现象。通常讲的语言一般包括音、形、义、词汇、语法等要素。语言的基本特性包括意义性、结构性、能产性、社会性。言语既是运用语言进行实际活动的过程，也是一种心理现象。

1 言语的种类

1）口头言语

口头言语是通过人的发音器官所发出的语音信息来表达思想感情的言语，分为对话言语和独白言语。口头言语活动中，发言者和听众很难再感知前面的词。

2）书面语言

书面语言是借助于文字来表达思想感情、传授知识经验的言语。书面语言主要有三种形式：写作、朗读和默读。书面语言使人与人的交流能够在一定程度上突破时空的限制。

3）内部言语

内部言语是个体内心"无声的言语"，通常人在思考问题时所运用的都是内部言语。内部言语的存在也是抽象逻辑思维存在的一个标志。

2 言语在学前儿童心理发展中的作用

1）学前儿童掌握言语的过程是其社会化的过程

言语因交流的需要而产生，交流即社会化的体现。

2）言语使幼儿的认识过程发生质变

由于言语的作用，幼儿可以借助词把事物及其属性标示出来，以便在此基础上通过语词理解事物和分析比较事物，以及将事物进行分类概括等。

3）言语对幼儿心理活动和行为有调节作用

言语使幼儿的心理发展具有自我调节功能和接受他人调节与支配的功能。

3 学前儿童言语的发展

言语活动是双向的过程，既包括对他人言语信息的接受和理解，也包括个人发出、表达思想的言语信息。

人们通常将儿童能说出的第一批真正能被理解的词的时间（通常在1岁左右）作为言语发生的标志，并以此为界，将言语活动的发生发展过程划分为言语准备期和言语发展期两大阶段。

1）学前儿童的言语准备期（0～1岁）

言语准备期包括两个方面的内容：发音（说出词句）的准备和理解语词的准备。

（1）发音的准备

①简单发音阶段（1～3月）。新生儿因呼吸而发声，哭是儿童最初的发音。在新生儿哭声中，特别是哭声停止的时候，可以听出ei、ou的声音。两个月以后，婴儿不哭时也开始发音，当成人引逗时，发音现象更明显，已能发出ai、a、ei等音。发这些音不需要较多的唇舌运动，只要一张口，气流自口腔冲出，就可以发出声音。这与儿童发音器官还不完善有关。

②连续音节阶段（4～8月）。这一阶段，婴儿明显变得活跃起来。当他吃饱、睡醒、感到舒适时，常常主动发音。发出的声中，不仅韵母增多、声母出现，而且还可连续重复同一音节，如a－ba－ba、da－da－da等，其中有些音节与词音很相似，如ba－ba（爸爸）、ma－ma（妈妈）等。父母常以为这是儿童在呼喊他们，感到非常高兴。其实，这些音还不具有符号意义。但如果成人利用这些音与具体事物相联系，就可以形成条件反射，使音具有意义。

③模仿发音——学话萌发阶段（9～12月）。这一阶段，儿童所发的音明显增加了不同音节的连续发音，音调也开始多样化，四声均出现了，听起来很像是在说话。当然，虽然这些"话"仍然是没有意义的，却为学说话做了发音上的准备。这一阶段，近似词的发音更多，同时，儿童开始能模仿成人的语音。这一进步标志着儿童学话的萌芽。在成人的教育下，婴儿能渐渐把一定的语音和某个具体事物联系起来，用一定的声音表示一定的意思。虽然此时他们能够发出的词音只有很少几个，但毕竟能开口说话了。

（2）理解语词的准备

①语音知觉能力的准备。婴儿对言语刺激是非常敏感的，出生不到10天的儿童就能区分语音和其他声音，并对语音表现出明显的"偏爱"。近期研究又发现，几个月的婴儿已具有语音范畴知觉能力，能分辨两个语音范畴之间的差别（如"b"和"p"），对同一范畴之内的变异则予以忽略。语音范畴知觉在言语理解过程中具有重要意义：不能分辨不同的语音（两个范畴之间的差异），自然无法理解词义，但如果不能忽略同一语音范畴内的各种变异（如说话个人发音的差异等），语音便不再具有稳定性而会成为因人而异的不可理解的东西。

②语词理解的准备。八九个月的婴儿已经能"听懂"成人的一些言语，表现为能对言语做出相应的反应。但这时，引起儿童反应的主要是语调与整个情境（如说话人的动作、表情等），而不是词的意义。如果成人同样发这种词音，但改变语调和语言情境，则婴儿可能不再做出反应。相反，如果语调不变，只改变词汇，则婴儿可能继续做出反应。

一般到了11个月左右，词语才逐渐从复合情境中分离出来，真正作为独立信号而引起儿童相应的反应。到这个时候，儿童才算是真正理解了这个词的意义。1岁左右，儿童能理解几十个词，但能说出的很少。

2）学前儿童的言语发展期

从1岁起，儿童进入了正式学习语言的阶段。在短短的两三年时间内，儿童便初步掌握了本族的基本语言。所以，学前前期是儿童言语真正形成的时期。儿童言语发

展的基本规律是"先听懂，后会说"。在1～1.5岁，儿童理解言语的能力发展得很快，在此基础上，开始主动说出一些词；两岁以后，言语表达能力迅速发展，逐渐能用较完整的句子表达自己的思想。

学前时期，儿童口语的发展可分为两个大的阶段：不完整句阶段和完整句阶段。

（1）不完整句阶段

①单词句阶段（1～1.5岁）。此时期儿童言语的发展主要反映在言语理解方面，同时，他们开始主动说出有一定意义的词。出现以上特点，是因为儿童的大脑发育尚不成熟，发音器官还缺乏锻炼。重复前一个音，属同一音节、同一声调，不用费力，容易发出。如果发出不同的两三个音节，发音器官的部位（舌、唇等）就要变化动作，这对1岁多的儿童来说，是比较困难的事情。这个阶段的儿童不仅用一个词代表多种物体，而且用一个词代表一个句子，称为"单词句"时期。由于不会说连贯句子，就用词代句，如"妈妈"再配上伸手动作代表"妈妈抱抱我"，"凳凳"或"排排"代表要坐。

②双词句（电报句）阶段（1.5～2岁）。1岁半以后，儿童说话的积极性高涨起来，在很短的时间内，会从不大说话变得很爱说话。消极词汇发展迅速，积极词汇有所增加。许多日常生活中的词汇，听得懂，但说不出。叫他去取或指出都可以做到，但不太会用语言表达。两岁左右时，能说简单语句。说出的词大量增加，两岁时可达200多个。这一阶段儿童言语的发展主要表现在开始说由双词或三词组合在一起的句子，如"妈妈抱抱""宝宝吃"。

（2）完整句阶段

两岁以后，儿童开始学习运用合乎语法规则的完整句，以便更准确地表达思想。许多研究表明，2～3岁是人生初学说话的关键时期，如果有良好的语言环境，这一时期将成为言语发展最迅速的时期。

此时期儿童语言的发展主要表现在几个方面：①语音基本正确，少数词语发音不佳。②出现完整句子，逐渐学会用3～6个单词组成完整的句子。③在手势的帮助下，会用语言描述简单事情。④开始学习倾听别人说话，表述自己的意思。⑤词汇量迅速增加。到3岁时，儿童已经能掌握1 000个左右的词。

课题二 ▶ 学前儿童言语的发展表现

言语的发展表现在语言形式的发展上。语言形式是指儿童语言中约定俗成的符号系统和系列规则。儿童对语言形式的获得包括对语音、语法和语义的获得。

1 学前儿童语音的发展

语音的发展主要表现在两个方面：

1）逐渐掌握本族语言的全部语音

1～1.5岁的儿童开始发出第一个类似成人说话时用词的音；到6岁时，儿童已经能够辨别绝大部分母语中的发音，也基本上能发准母语的绝大部分语音。

3～4岁是儿童语音发展的飞跃阶段，4岁的儿童基本能掌握本民族的全部语音。儿童学习语音的过程先是扩展的趋势，婴儿从不会发出音节清晰的语音，到能够学会越来越多的语音，是处于语音扩展的阶段。

3～4岁的儿童相当容易学会世界各民族语言的发音，所以有人称这个年龄段的儿童为"国际公民"。儿童掌握母语（包括方言）的语音后，再学习新的语音就会比较困难。年龄越大，学习第二语言的语音会更多地受第一语言语音的干扰，这个时期就处于语音的收缩阶段。

2）语音意识的发生

儿童要学会正确发音，必须建立起语音的自我调节机能：一方面要有精确的语音辨别能力，另一方面要能控制和调节自身发音器官的活动。儿童开始能自觉地辨别发音是否正确，自觉地模仿正确发音，纠正错误的发音，这说明对语音的意识开始形成了。

幼儿期，主要是在4岁左右，语音意识明显地发展起来。幼儿语音意识形成主要表现在两个方面：①能够评价别人发音的特点；②能意识并自觉调节自己的发音。

2 学前儿童语法的发展

1）语句的发展

学前儿童的句子表达从不完整逐渐向完整发展。儿童句法结构的获得大致呈以下规律：

①从混沌一体到逐步分化。儿童在掌握语言的过程中，语句逐渐分化。例如，最初的单词句阶段，一个词可以代表多种含义，"妈妈"可以表示呼唤妈妈，或要求妈妈帮他捡起某样玩具等。随着年龄的增长，儿童的语词逐渐分化。

②从不完整到逐步完整，从松散到逐步严谨。最初的单词句只是一个简单的词链，不能体现语法规则的结构。3.5岁以前儿童的话语常常漏缺主要词类，词序紊乱；3.5岁以后则出现较多复杂修饰语句。

③由压缩、呆板到逐步扩展和灵活。幼儿最初的语句结构不能分出核心部分和附加部分，只能说出形式上千篇一律的、由几个词组成的压缩句。稍后能加上简单修饰语，再后加上复杂修饰语，最后达到简单修饰语的灵活运用和语句中各种成分的多种组合。

幼儿句法结构的发展在4～4.5岁较明显，5岁时幼儿语句结构逐渐完善，6岁时幼儿的水平显著提高。

2）语法意识的出现

幼儿主要通过日常生活中的言语交流、模仿成人说话来掌握语法结构。幼儿对语法结构的意识产生较晚。一般来说，幼儿的语法意识是从4岁开始明显出现的，主要表现为幼儿会提出有关语法结构的问题，逐渐能够发现别人说话中的语法错误等。当然，他们不是根据语法规则的知识去发现错误，而是这些错误说法使他们听起来感到"刺耳"，不符合其语言习惯。

3 学前儿童语义的发展

1）对词义的获得

①词义获得的发展趋势。a.从掌握部分的、个别的语义向掌握全面的语义特征发展。儿童对词的最初理解是不全面的，只是掌握了词的部分的、个别的语义，出现了理解词的"泛化"和"窄化"现象。随着年龄的增长，逐渐向掌握词的全面语义发展。b.从掌握词的一个词的单义向掌握词的多义发展。儿童最初只能掌握词的本义，不能理解词的转义，随着年龄的增长，儿童对词的理解逐渐由单义向多义发展。

②词汇数量的发展。学前儿童的词汇量随着年龄的增加而增加。1岁左右，儿童才开始说出词，到入学前，已能掌握基本的口语词汇。研究表明，4～5岁是儿童词汇量增长的活跃期。

儿童的词汇有消极词汇和积极词汇之分。消极词汇是指儿童能理解但不能运用的词汇，实际上这种理解也是浅显的。积极词汇是指儿童自己能说能用的词汇。

③词类的扩大。随着年龄的增长，儿童不仅词汇量增多，同时掌握词的种类也不断扩大。儿童先掌握的是实词，然后是虚词。在实词中，儿童掌握的顺序是名词—动词—形容词。对其他实词，如副词、代词、数词则掌握得较晚。儿童对虚词，如连词、分词、助词、语气词等掌握也较晚。在各类词中，儿童使用频率最高的是代词，其次是动词和名词。

2）对句义的获得

在语句发展过程中，对句子的理解先于说出语句。儿童在能说出某种句型之前，已能理解这种句子的意义。儿童在理解自己尚未掌握的新句型时，常根据自己从经验中总结出来的一些"规则"去理解它们。幼儿常用的理解句子的策略大致有如下几种：

①事件可能性策略。儿童常常只根据词的意义和事件的可能性，而不顾语句中的语法规则，来确定各个词在句子中的语法功能和相互关系。

②词序策略。儿童往往根据句子中词出现的顺序来理解它们之间的关系和句义。儿童经常接触的是主动语态的陈述句，于是形成了这样一种理解策略：句子中出现在动词前面的名词是动作的发出者，后面的名词是动作的承受者，"名词—动词—名词"即"动作者—动作—承受者"这样一种理解模式。当刚开始接触被动语态句时，儿童也习惯用这种策略（模式）理解它，结果出现理解错误。

③非语言策略。幼儿在理解句义，包括句中某些词的词义时，时常使用一些非语言（与语言本身无关的）策略。前面谈到的事件可能性策略就是一种非语言策略，儿童是根据自己的经验而不是语言信息（尤其是语法规则）来理解句义的。

儿童只是在理解他们尚未掌握或未熟练掌握的句型时才使用这些策略，在使用过程中会逐渐发现其中的问题，进而改进策略使之更符合语言规则。这样，对句子的理解能力就同时发展起来了。

课题三　**学前儿童言语功能的发展**

1　交际功能

学前儿童言语交际功能的发展大致可以分为两个阶段：

第一阶段：3岁前。这个阶段言语的交际功能主要是请求、回答和提问。这和3岁前儿童的独立性发展不足、活动主要依赖成人有关。在这阶段，儿童主要使用对话言语、情景言语和不连贯言语。

第二阶段：3～6岁。这个阶段的言语功能，除了请求和回答外，还有陈述、商量、指示和命令、对事物的评价等。与此相适应的是连贯性言语、陈述性言语的逐渐发展。

随着词汇的逐渐丰富，幼儿的口语表达能力逐步发展起来，具体表现如下：

1）从对话语言逐渐过渡到独白语言

口语可分为对话和独白两种形式。对话是两个人之间进行交谈，独白是一个人独自向听者讲述。儿童的语言最初是对话式的，只有在和成人共同交往中才能进行。

幼儿的独白语言刚刚开始形成，发展水平还很低，尤其在幼儿初期。在良好的教育下，五六岁的幼儿就能比较清楚、系统地讲述所看到或听到的事情和故事了，有的幼儿甚至能够讲得绘声绘色、活灵活现。

2）从情境性言语过渡到连贯性言语

情境性言语只有在结合具体情境时，才能使听者理解说话人所要表达的思想内容，而且往往还需要说话人运用一定的表情和手势作为自己言语活动的辅助手段。

一般来说，随着幼儿年龄的增长，情境性言语的比例逐渐下降，连贯性言语的比例逐渐上升。整个幼儿期都处于从情境性言语向连贯性言语过渡的时期。六七岁的儿童才能比较连贯地进行叙述，但发展水平还不是很高。

3）讲述逻辑性逐渐提高

幼儿讲述的逻辑性逐渐提高，主要表现为讲述的主题逐渐明确、突出，层次逐渐清晰。幼儿的讲述常是现象的堆积和罗列，主题不明确、不突出。随着儿童的成长，口头表达的逻辑性有所提高。

4）逐渐掌握言语表达技巧

幼儿不仅可以学会完整、连贯、清晰而有逻辑地表述，而且能够根据需要恰当地运用高低、强弱、大小、快慢和停顿等语气和声调的变化，使之更生动，更有感染力。当然，这需要专门的教育。

2 概括功能

言语的概括功能会使学前儿童的认识过程发生质的变化。下面以感知过程为例来说明。

> 资料7-1
>
> 　　实验要求4～7岁幼儿分辨蝴蝶翅膀上花纹的细微差异。9只蝴蝶分为3种颜色，每种颜色又分为带斑点的花纹、条状的花纹和没有花纹3种。实验结果表明，当用语言说出花纹的名称时，幼儿辨别花纹的成绩明显高于不用语言的。为什么研究结果会有明显差别？

这主要是由于言语的概括作用。这种概括作用使知觉的恒常性有所提高，知觉不再停留于以孤立的、表面的特征为主导，而发展到以复合的、意义的特征为主导，因而儿童对事物的感知越来越细致、精确、迅速、完整。言语的概括功能可以改变复合刺激物感知中刺激物强度的主次地位。

以上实验说明，有了言语的参加，幼儿能够主动地认识世界，有了自觉的、能动的分析综合能力。

3 调节功能

言语对儿童心理活动和行为的调节，使儿童有了心理的自我调节功能。儿童言语对心理活动和行为的调节，最初是受成人语言影响的。之后，儿童会用自己的言语活动进行自我调节，最初使用的是出声的言语，即"自言自语"，再往后儿童开始用内部语言进行自我调节。

这里涉及很重要的概念——自言自语。自言自语是内部言语发展的初级形态，是在外部言语的基础上，由外部言语向内部言语发展的过渡形态。

1）自言自语的特征

自言自语既有外部语言的特征（出声），又有内部语言的特性。

2）自言自语的形式

（1）游戏言语

这种言语的特点是比较完整、详细，有丰富的情感和表现力。儿童一边做各种游戏动作，一边说话，用语言补充和丰富自己的行动。在绘画活动中也常常有这种情况，用语音来补充不能画出的情节。

（2）问题言语

这种言语的特点是比较简短、零碎，常常在遇到问题或者困难时出现，或表现困惑、怀疑、惊喜等。当幼儿找到解决问题的办法时，也会用这种言语表示所采取的办法。四五岁儿童的"问题言语"最丰富。

课题四　　学前儿童语言能力的培养

学前儿童言语主要是在社会生活环境与教育的影响下形成和发展的，它与智力发展有着密切的关系。并且，人们早期言语的发展直接影响到今后一生言语的发展。因此，成人必须十分重视学前儿童言语的发展和培养。

1　让儿童有充分交往与活动的机会

言语本身是在交往中产生和发展的。儿童只有在广泛交往中，感到有许多知识、经验、情感、愿望等需要说出来的时候，言语活动才会积极起来。据调查，聋哑人家庭的儿童，如果生活在儿童集体中，口语发展就正常；如果只生活在自己家中，口语发展就会受到很大限制。因此，增加幼儿与成人之间以及同龄儿童之间的交往，是发展幼儿口语的有效方法。

2　帮助儿童扩大眼界、丰富生活

生活是语言的源泉。没有丰富的生活，就不可能有丰富的语言。如果幼儿生活范围狭小，生活内容单调，语言发展就迟缓，词汇贫乏。例如，较偏僻农村的儿童与繁华城市的儿童相比，语言丰富程度差距较大，这是由于他们的生活环境不同造成的。因此，组织丰富多样的活动，可以帮助儿童扩大眼界，增长词汇。"见多识广"，语言也就随之丰富了。

3　加强对学前儿童言语的训练程度

对学前儿童言语进行有计划的训练很重要。幼儿园主要通过语言教学活动来发展学前儿童的语言表达能力。教学中，要求学前儿童发音正确、用词恰当、句子完整、表达清楚连贯，并及时帮助学前儿童纠正语音，给予鼓励表扬。要运用有效的教学方法，调动儿童说话的积极性，并给予反复练习的机会，做出良好的示范，促进学前儿童语言的发展和规范化。

4　发挥成人语言规范的榜样作用

模仿是儿童的天性。幼儿十分喜欢模仿周围人们的一举一动，喜欢模仿周围人的语言。我们常常可以看到，学前儿童的发音、用词，甚至说话的声调、表情，都酷似他们的母亲或者他们所喜爱的人。成人良好的示范，对学前儿童潜移默化的影响十分深远。成人必须有意识地引导幼儿模仿自己规范的语言，纠正错误。特别要注意不能讥笑和重复儿童错误的发音或语句。

学前儿童的情绪和情感

课题一　情绪情感的概述

1 什么是情绪和情感

人类在认识外界事物时,会产生喜与悲、乐与苦、爱与恨等主观体验。我们把人对客观事物的态度、体验及相应的行为反应，称为情绪情感。情感的产生以需要为中介，人对客观事物采取什么态度，取决于该事物是否能够满足人的需要。如果某一事物能够直接或间接满足人的需要，人会对其产生肯定的态度和体验；如果某事物不能满足或违背人的需要，人就会对其产生否定的态度和体验。情绪和情感是客观事物是否符合人的需要而产生的态度体验。情绪与情感是时刻联系在一起的统一体，但两者存在一定的差异。

①情绪一般与人的较低级需求，即生理性需要相联系；情感往往与人的高级需求，即社会性需要相联系。如婴儿饥渴或身体不舒适时就会有"哭"的情绪体验，吃过奶就会做出"笑"的情绪体验。随着年龄的增长和社会化的进展，儿童会产生对父母、对祖国爱的情感，并形成理智感、道德感和美感等高级情感体验。

②情绪发生得早，情感产生得晚，两者有先后之分。

③情绪具有情境性和暂时性，情绪主要根据当时的情况好与坏来下结论，所表现的心境反映在面部表情；情感所体现出来的特性是一种带有稳定性、持久性、深刻性、内隐性的效果反映。

2 情感与学前儿童的认知过程

1）认识是情感产生的基础

客观事物是否符合人的需要有赖于人对该事物的认识、评价。人只有在认识过程中才能判断客观事物与人的需要之间的关系，产生情感体验。"有所知，才有所感。"而且人的情感随着认识的变化而变化，人对客观事物的认识越全面、越深刻，产生的情感也就越丰富、越深厚。

2）情感影响认识过程

人的情感不仅以认识为基础，反过来还会影响人的认识过程。一般来说，积极的情感是认识活动的动力，它能够推动、促进人们以顽强的毅力去认识事物，提高活动效率。消极的情感是认识活动的阻力，它会阻碍人们认识活动积极性的发挥，降低认识活动的效率和水平。

3　情绪、情感的种类

1）情绪的种类

按照情绪发生的强度和持续时间的长短，可以把情绪划分为心境、激情和应激三种情绪状态。

（1）心境

心境是一种微弱、平静而持久的情绪状态，也称心情。心境产生的原因是多方面的，既有客观原因，也有主观原因。

（2）激情

激情是一种强烈的、短暂的失去自我控制力的情绪状态，如狂喜、暴怒、绝望、惊厥等。激情具有冲动性，发生时强度很大，会使人体内部突然发生剧烈的生理变化，有明显的外部表现。

（3）应激

应激既是出乎意料的紧急情况所引起的高度紧张的情绪状态，也是人们对某种意外的环境刺激做出的适应性反应。

在日常生活中，人们遇到某种意外危险或面临某种突然事变时，必须集中自己的智慧和经验，动员自己全部力量，迅速而及时地做出决定，采取有效的措施应对紧急情况，此时人的身心处于高度紧张状态，即应激状态。应激的产生与人面临的情境以及人对自己能力的估计有关。

2）情感的种类

按情感的社会内容，可以把情感分为道德感、理智感和美感。

（1）道德感

道德感是根据一定的道德标准去评价人的思想、意图、言语和行为时产生的情感体验。人在社会生活中能够将掌握的社会道德标准转化为自己的道德需要。当人们用自己掌握的道德标准去评价自己或别人的思想、意图、言论、行为时，如果认为其符合道德需要，就会产生肯定性的情感；如果认为其不符合道德需要，就会产生否定性的情感。

（2）理智感

理智感是人在智力活动过程中，对认识活动成就进行评价时产生的情感体验。例如，人们在探索真理时产生的求知欲；了解认识未知事物时产生的兴趣和好奇心；在解决疑难问题时出现的迟疑、惊讶和焦躁，问题解决后产生强烈的喜悦和快慰；在坚持自己看法时有了强烈的热情。这些都属于理智感的范畴。

（3）美感

美感是人们根据一定的审美标准评价事物的美与丑时产生的情感体验。审美标准是美感产生的关键，客观事物中凡是符合个人审美标准的东西，就能引起美感体验。审美时个体的心情是自由、愉快、轻松的。

4　情绪情感在学前儿童心理发展中的作用

1）情绪情感是儿童行为的激发者

婴幼儿不同情绪状态对智力操作的影响是明显不同的，具有显著的差别，具体表现为在外界新异刺激作用下，婴幼儿的情绪可以在兴趣与惧怕之间浮动。当这种不稳定状态游离到兴趣一端时，就会激发儿童探索活动；当游离到惧怕一端时，则引起逃避反应。

愉快情绪有利于婴幼儿的智力操作及效果，而痛苦、惧怕等情绪对婴幼儿智力操作不利。不同性质的情绪对婴幼儿智力操作影响不同。积极情绪起推动、促进的作用，消极情绪起破坏、干扰的作用。愉快情绪的强度差异与操作效果间呈倒"U"字的相关关系，即适中的愉快情绪能使智力操作达到最优。痛苦、惧怕情绪的强度差异与操作效果间呈直线相关，即痛苦、惧怕强度越大，操作效果越差，操作效果随强度的增加而下降。情绪情感推动、组织儿童的认知活动。

2）情绪情感是儿童人际交往的重要手段

每一种情绪都有外部表现，即表情，这是人与人之间进行信息交流的重要工具之一，在婴幼儿与人的交往中，尤其占有特殊的、重要的地位。表情是情绪情感的外部表现，情绪情感是儿童人际交往的重要手段。

3）情绪情感影响个性的形成

婴幼儿是个性形成的奠基时期，儿童情绪情感对其具有重要影响。儿童在与不同的人、事和物的接触中，逐渐形成了对不同人、事和物的不同的情绪态度。儿童如果经常、反复受到特定环境刺激的影响，反复体验同一情绪状态，这种状态就会逐渐稳固下来，形成稳定的情绪特征。情绪特征正是个性性格结构的重要组成部分。

课题二　**学前儿童情绪情感的发展及培养**

1 学前儿童情绪的发生和分化

1）原始的情绪反应

（1）本能的情绪反应

观察和研究普遍表明，儿童出生后就有情绪。初生的婴儿有情绪反应，如新生儿或哭或安静，或四肢舞动等，可称为原始的情绪反应。现在人们普遍倾向于认为，原始的、基本的情绪是进化来的，是不用学就会的，儿童先天就有情绪反应。这种情绪反应，与生理需要是否得到满足有直接关系。

（2）原始情绪的种类

行为主义的创始人华生根据对医院500多名婴儿的观察提出新生儿有三种主要情绪，即怕、怒和爱。华生还详细描述了这些情绪出现的原因和表现：

①怕。华生认为，新生婴儿的怕是由于大声和失持引起的。当婴儿安静地躺着时，在其头部附近敲击钢条，会立即引起他的惊跳，肌肉猛缩，继之以哭；当身体突然失去支持，或身体下面的毯子被人猛抖时，婴儿会发抖、大哭、呼吸急促、双手乱抓。

②怒。怒是由于限制儿童运动引起的。如用毯子把儿童紧紧地裹住，不准活动，婴儿会发怒，把身体挺直，或手脚乱蹬。

③爱。爱由抚摸、轻拍或触及身体敏感区域产生。如抚摸儿童的皮肤，或柔和地轻拍他，会使婴儿安静，产生一种广泛的松弛反应，或是展开手指、脚趾。

2）情绪的分化

关于情绪的分化，一般有如下两种理论。

（1）布里奇斯的情绪分化理论

加拿大心理学家布里奇斯的情绪分化理论是情绪分化研究中最有代表性的理论。他认为初生婴儿只有未分化的一般性的激动，表现为皱眉和哭的反应；3个月时分化为快乐、痛苦两种情绪；6个月时，痛苦进一步分化为愤怒、厌恶、害怕三种情绪；12个月时，快乐情绪分化出高兴和喜爱；18个月时，分化出喜悦与妒忌。

（2）林传鼎的情绪分化理论

我国心理学家林传鼎认为儿童情绪分化的过程可以分为三个阶段：

①泛化阶段（0~1岁）。这一阶段儿童的情绪反应比较笼统，往往是生理需要引起的情绪占优势。婴儿在0.5~3个月时会出现6种情绪：欲求、喜悦、厌恶、忿急、烦闷、惊骇。但这些情绪不是高度分化的，只是在愉快与不愉快的基础上增加了一些面部表情。4~6个月的婴儿，开始出现由社会性需要引起的喜欢、愤怒。

②分化阶段（1~5岁）。这一阶段儿童情绪开始多样化，从3岁开始，陆续产生了同情、尊重、爱等20多种情感，同时一些高级情感开始萌芽，如道德感、美感。

③系统化阶段（5岁以后）。这一阶段的基本特征是情绪生活的高度社会化。这个时期道德感、美感、理智感等多种高级情绪达到一定水平，有关世界观形成的情绪初步建立。

2 学前儿童情绪发展的一般趋势

1）情绪情感的社会化

儿童最初出现的情绪是与生理需要相联系的，随着年龄的增长，情绪逐渐与社会性需要相联系。社会化成为儿童情绪情感发展的一个主要趋势。

（1）引起情绪反应的社会性动因不断增加

情绪动因是指引起儿童情绪反应的原因。婴儿的情绪反应主要取决于其基本生活需要是否得到满足。在3岁前儿童的情绪反应动因中，生理需要是否得到满足是主要动因。3~4岁的幼儿，情绪的动因处于从主要为满足生理需要向主要为满足社会性需要的过渡阶段。在中、大班幼儿中，社会性需要的作用越来越大。幼儿非常希望被人注意，为人重视、关爱，并要求与别人交往。

由此可见，幼儿的情绪情感与社会性交往、社会性需要的满足密切联系，幼儿的情绪情感正日益摆脱同生理需要的联系，逐渐社会化，其社会性交往、人际关系对儿童情绪影响很大，是左右情绪情感产生的最主要动因。

（2）情绪中社会性交往的成分不断增加

学前儿童的情绪活动中，涉及社会性交往的内容会随着年龄的增长而增加。

（3）情感表达的社会化

表情是情绪的外部表现，有些表情是生物学性质的本能表现。儿童在成长过程中，逐渐掌握了周围人们的表情手段，表情日益社会化。表情的表达方式包括面部表情、肢体语言和言语表情。学前儿童表情社会化的发展主要包括两个方面：一是理解（辨别）面部表情的能力，二是运用社会化表情手段的能力。

2）情绪内容的丰富化和情感体验的深刻化

从情绪所指向的事物来看，其发展趋势越来越丰富和深刻。

（1）情绪内容的丰富化

情绪内容的日益丰富，可以说包括两种含义：其一，情绪过程越来越分化；其二，情感指向的事物不断增加。

①情绪过程越来越分化。这一点在前面情绪的分化中已经涉及，刚出生的婴儿只有少数几种情绪，随着年龄的增长不断分化、增加。幼儿中期逐渐出现友谊感，幼儿晚期进一步出现集体荣誉感等。

②情感指向的事物不断增加。有些先前没有引起儿童体验的事物，随着年龄的增长，引起了情感体验。

（2）情感体验的深刻化

情感体验深刻化是指指向事物的性质的变化，从指向事物的表面到指向事物更内在的特点。幼儿情绪的日益深刻，集中体现在幼儿高级情感的发展，如道德感、理智感和美感的发生。如年幼儿童对父母的依恋，主要源于父母是满足他基本生活需要的来源，年长儿童的依恋已包含对父母的尊重和爱戴等情绪内容。幼儿对自己的行为表现出骄傲，对别人的行为成就可能表现出羡慕。随着年龄的增长，学前儿童情感逐渐深刻化，主要与认知发展水平有关，幼儿感知、记忆、思维、想象的发展是情感体验逐渐深刻化的基础和前提。

3）情绪情感的自我调控

情绪调控是个体对情绪反应的监控、评价和改变，即情绪的自我调节。

（1）情绪的冲动性

幼儿早期，由于大脑皮层的兴奋容易扩散，加上大脑皮层对皮层下中枢的控制能力发展不足，因此情绪冲动易变。幼儿常常处于激动的情绪状态。在日常生活中，婴幼儿往往由于某种外来刺激的出现而非常兴奋，情绪冲动强烈。儿童的情绪冲动性常表现在他用过激的动作和行为表现自己的情绪。

随着幼儿脑的发育及语言的发展，情绪的冲动性逐渐减少。幼儿对自己情绪的控制，起初是被动的，即在成人要求下，由于服从成人的指示而控制自己的情绪。到幼儿晚期，对情绪的自我调节能力才逐渐发展。成人持续的教育和要求，以及幼儿所参加的集体活动和集体生活的要求，都有利于逐渐养成控制自己情绪的能力，减少冲动性。

（2）情绪的不稳定性

婴幼儿的情绪常不稳定且短暂。随着年龄的增长，情绪的稳定性逐渐提高，但总的来说，幼儿的情绪仍然是不稳定的。婴幼儿的不稳定情绪与以下两个因素有关：

①情绪变化具有情境性。婴幼儿的情绪常被外界情境所支配，某种情绪往往随着某种情境的出现而产生，又随着情境的变化而消失。两种对立的情绪可在短期内相互转换。例如，两位幼儿刚刚因争玩具而打架，可转眼之间，又可能和好一起参加游戏了。这种破涕为笑的情况在学前儿童身上是常见的，而且年龄越小，表现越明显。

②情绪容易受到感染和暗示。受感染是指情绪非常容易受周围人和环境的影响，容易受感染和暗示。幼儿早期特别明显，初入园的小班幼儿常会出现看见某位幼儿哭，很快大家都哭起来的情况。幼儿晚期情绪比较稳定，情境性和受感染性逐渐减少，这时期幼儿的情绪较少受一般人感染，但仍然容易受亲近的人，如家长和教师的感染。因此，父母和教师在幼儿面前必须注意控制自己的不良情绪。

（3）情绪情感的外显性

婴儿期和幼儿初期儿童对自己的情绪体验通常不能加以控制和掩饰，完全表露于外。到幼儿晚期，随着言语和心理活动有意性的发展，特别是幼儿内部语言的发展，对情绪的自我调节能力逐步加强，由外露到内隐。

学前儿童调节情绪的外部表现能力的发展比调节情绪本身的能力发展得早。婴幼儿情绪外显的特点有利于成人及时了解儿童的情绪，给予正确的引导和帮助。但是，控制调节自己的情绪表现以至情绪本身是社会交往的需要，主要依赖于正确的培养。同时，由于幼儿晚期情绪已经开始有内隐性，这要求成人细心观察和了解幼儿内心的情绪体验。

3 学前儿童高级情感的发展

1）道德感

学前儿童只有某些道德感的萌芽。3岁后，特别是在幼儿园的集体生活中，随着幼儿各种行为规范的掌握，道德感逐渐发展起来。小班幼儿的道德感主要指向个别行为，往往由成人的评价而引起。

中班幼儿比较明显地掌握了一些概括化的道德标准，会因为自己在行动中遵守了老师的要求而产生快感。中班幼儿不但关心自己的行为是否符合道德标准，并且开始关心别人的行为是否符合道德标准，由此产生了相应的情感。

大班幼儿的道德感进一步发展和复杂化。他们对好与坏、好人与坏人有鲜明的不同感情。在这个年龄，爱同伴、爱集体等情感，已经有了一定的稳定性。

2）理智感

儿童理智感的发生，很大程度上取决于环境的影响和成人的培养。对一般儿童来说，5岁左右时，这种情感明显地发展起来，突出表现在幼儿很喜欢提问题，并由于提问和得到满意的回答而感到愉快。同时，幼儿喜爱进行各种智力游戏，或动脑筋、解决问题的活动，如下棋、猜谜语、拼搭大型建筑物等，这些活动既能满足他们的求知欲和好奇心，又有助于促进理智感的发展。

3）美感

美感是人对事物审美的体验，根据一定的对美的评价而产生。儿童对美的体验，有一个逐步发展的过程。例如，婴儿从小就喜欢鲜艳悦目的东西以及整齐清洁的环境。

4 学前儿童情感的培养

资料9-1

方方离开自己的座位向门口跑，随即又退回到了自己的座位，一副撅着嘴欲哭的表情。

妈妈推门进来，抱起方方。

"奶奶呢？"

"奶奶在家呢。"

"不要不要，我要奶奶接！"方方哭了。

"奶奶的脚扭了，不能走路，妈妈带你回家。"

"不要，不要，我要奶奶来带我！！"方方边哭闹边推妈妈。

妈妈耐心地讲着，方方越哭越厉害。面对越来越多的家长，妈妈一脸尴尬。终于，妈妈失去了耐心。"你不想跟妈妈回家就一个人待着，我走了。"妈妈生气地放下方方，装作要离开的样子。

方方哭得更厉害了。束手无策的妈妈满脸祈求地望着站在活动室门口的王老师。

王老师的做法：

王老师走到方方身边，轻轻地拍着方方，拥抱到怀里，边给方方擦眼泪边说："方方乖，方方不哭，让老师来帮助你，好不好？""好。"方方说。

"方方现在很伤心吧，你告诉老师，是什么事情让方方这么伤心呢？"这话问到了伤心处，还没等老师说完，方方又大声地哭了起来："我不要妈妈带我回家，我要奶奶带我回家。"

"噢，老师知道了，方方每天跟着奶奶，最喜欢奶奶，在幼儿园里待了一天，最想见到奶奶，是不是？"这可说到了心坎儿了。"是。"

"妈妈说，奶奶的脚扭了，不能来带方方了，我们先跟妈妈回家，快点见到奶奶，好吗？"

"不要不要，奶奶脚没扭，早上是奶奶送我来的，我要奶奶来接。"

"噢，是这样。那我们先给奶奶打个电话，老师也想知道奶奶的脚到底怎么样了，好吗？"

方方在老师说出"打电话"开始，嘴巴里就不停地答着"好呀！好呀！"同时，哭声停止了，情绪也慢慢地平静下来了。

老师带着方方打电话。方方对着电话说着，脸上"阴转多云"。

来到妈妈身边，方方脸上竟有了笑容："快回家看奶奶！"

妈妈如释重负。

幼儿教师应从以下几个方面培养幼儿的积极情感：

1）营造良好的情绪环境

婴幼儿的情绪易受周围环境气氛的感染。别人的情绪因素使他们在无意中受到影响，可以说，婴幼儿情绪发展主要依靠周围情绪气氛的熏陶。

（1）保持和谐的气氛

现代社会的急剧变化和竞争的环境，使人容易处于紧张和焦虑之中，这对儿童发展非常不利。因此，在家庭中要有意识地保持良好的情绪气氛，布置一个有利于情绪放松的环境，避免脏乱、嘈杂，成人之间要互敬互爱，家庭成员之间也要使用礼貌用语，并努力避免激烈的冲突。

（2）建立良好的亲子情和师幼情

正确对待婴儿期的社会性依恋对儿童的情绪发展有重要意义。母亲在给儿童喂奶时，就要同时注意与儿童的感情联系。有的母亲认为儿童小，不懂事，把喂奶过程只当作事务性动作，这样不利于儿童的情绪发展。

分离焦虑或不能从亲人那里得到爱的满足，可能导致婴幼儿情绪发展的障碍，不良影响甚至会延伸到日后的发展。儿童初次入托或上幼儿园的时候，是分离焦虑容易加剧的时期。这时，儿童不但较长时间离开了亲人，而且离开了熟悉的环境，哭泣和不安是经常发生的。父母和老师的态度在此时起着重要的作用。

2）成人的情绪自控

成人的情绪示范对儿童情绪的发展十分重要。成人愉快的情绪对儿童的情绪是良好的示范和感染。更重要的是，成人要善于控制自己的情绪，家长的喜怒无常会使儿童无所适从，情绪也不稳定。

3）采取积极的教育态度

（1）肯定为主，多鼓励进步

许多父母常常对儿童说："你不行！""太笨了！""没出息！"等。经常处于这些负面影响下，儿童情绪消极，也没有活动热情。多给予儿童正面情绪的体验，在积极的情绪中游戏和学习，可以收获不一样的教育效果。

资料9-2

　　有个儿童平时画画画得并不太好，当他拿着在幼儿园画的画第一次获得的奖品——一张小画片回家时，妈妈高兴地说："太好了！孩子，我知道你能行，你画的大红花多么漂亮！"从此，他对美术产生了兴趣。每次画完一张，都拿给妈妈看，妈妈总是说他画得好，有进步。他果然越画越好了。

　　（2）耐心倾听儿童说话

　　儿童总是愿意向亲人诉说自己的见闻。儿童感受到和老师亲密、对老师信任时，也总是愿意向老师诉说。可是，成人往往由于自己太忙，没有时间听儿童说话。有时，成人认为儿童说的话幼稚可笑，不屑一听。这些都会使儿童感受到压抑，感受到孤独，因而情绪不佳。有时，儿童会因此出现逆反心理，故意做出错误行为，以引起成人的注意。

　　（3）正确运用暗示和强化

　　婴幼儿的情绪在很大程度上受成人的暗示。比如，有位家长在外人面前总是对自己的儿童加以肯定，说："我们小妹摔倒了从来不哭。"她的孩子果真能控制自己的情绪。另一位家长常常对别人说："我们的孩子就是爱哭。""他就是胆小。"这种暗示，容易使儿童养成消极情绪。

4）帮助儿童控制情绪

　　儿童不会控制自己的情绪，成人可以用各种方法帮助他们控制情绪。

　　（1）转移法

　　两三岁儿童在商店柜台前哭着要买玩具，成人常常用转移注意的方法，说"等一会儿，我带你找一个好玩的地方"，儿童就会跟着走了。有时此法不奏效，往往是由于大人只是为了哄儿童，回家后忘记了自己的许诺，从此之后儿童就不再"受骗"了。对于4岁以后的儿童，当他处于情绪困扰之中时，可以用精神的而非物质的转移方法。

　　（2）冷却法

　　儿童情绪十分激动时，可以采取暂时置之不理的办法，儿童自己会慢慢地停止哭喊。"没有观众看戏，演员也没劲儿了。"当儿童处于激动状态时，成人切忌激动起来！

　　（3）消退法

　　对儿童的消极情绪可以采用条件反射消退法。比如，有个儿童上床睡觉要母亲陪伴，否则就哭闹。母亲只好每晚陪伴，有时长达一个小时。后来，父母商量好，采用消退法，对他的哭闹不予理睬，儿童第一天晚上哭了整整50分钟，哭累了也就睡着了；第二天只哭了15分钟；以后哭闹时间逐渐减少，最后不哭也能安然入睡了。

5）教会儿童调节自己的情绪表现

　　儿童表现情绪的方式更多是在生活中学会的。因此，在生活中，有必要教给儿童有意识地调节情绪及其表现方式的方法。比如，儿童在自己的要求不能满足时，大发脾气、跺脚，甚至在地上打滚，这是不正确的情绪表现方式。在成人的教育下，儿童逐渐懂得发脾气并不能达到满足要求的目的，他就会放弃这种表现方式。成人可以教给儿童一些调节自己情绪的方法。

　　（1）反思法

　　让儿童想一想自己的情绪表现是否合适。比如，在自己的要求不能得到满足时，想想自己的要求是否合理? 和同伴发生争执时, 想一想是否错怪了对方?

（2）自我说服法

儿童初入园由于要找妈妈而伤心地哭泣时, 可以教他自己大声说: "好儿童不哭。"儿童起先是边说边抽泣, 以后渐渐地不哭了。儿童和同伴打架、很生气时, 可以要求他讲述打架发生的过程, 儿童会越讲越平静。

（3）想象法

让儿童在遇到困难或因挫折而伤心时, 想想自己是"大姐姐""大哥哥""男子汉"或某个英雄人物等。随着儿童年龄增长, 在正确的引导和培养下, 儿童能学会恰当地调节自己的情绪和情绪的表现方式。

学前儿童的社会性

课题一 ▸ 社会性概述

1 社会性和社会性发展

1）社会性

社会性是作为社会成员的个体，为适应社会生活所表现出的心理和行为特征，也就是人们为了适应社会生活所形成的符合社会传统习俗的行为方式。

学前儿童的社会性是在社会交往中形成的。儿童心理的社会化过程，从本质上说，就是儿童在与周围人交往过程中，形成符合社会要求的行为方式的过程。如狼孩，由于在他很小时被母狼叼走并被哺育长大，生活在狼群里，缺少与人交往的环境，虽然他具有人的遗传因素，但也无法形成符合社会规范的人的社会属性。社会性不是与生俱来的，而是后天习得的。虽然儿童在胚胎的晚期已经具有某些感知觉活动，但是它属于纯粹的生理反应，而不具有社会性。

2）社会性发展

儿童在出生时，可以把他看作一个自然人；儿童在和周围人群（主要是父母、祖辈等家里人）的交往中，逐步形成符合社会要求的行为习惯、社会规范和特定的人际关系，即具有一定的社会性。儿童由自然人向社会人转变的过程，称为儿童心理社会化过程。社会性的发展是一个从新生儿开始的漫长的过程，经历从自然人到心理社会化再到社会人的过程。社会性发展（也称儿童的社会化）是指儿童从一个自然人逐渐掌握社会的道德行为规范与社会行为技能，成长为一个社会人，逐渐步入社会的过程。

儿童社会性的发展影响着心理发展的各个方面，尤其是直接影响着儿童个性的最终形成，这是由于儿童的个性及其品质是在社会交往过程中逐步形成的。

2 学前儿童的社会性发展

儿童社会性发展包括亲子关系、同伴关系、性别角色、亲社会行为、攻击性行为。亲子关系和同伴关系既是儿童社会化发展的重要内容（人际关系），也是影响儿童社会性发展的重要影响因素。性别角色既是作为一个有特定性别的人在社会中的适当行为的总和，也是社会性的主要方面。亲社会行为和攻击性行为属于儿童道德发展的范畴。

1）亲子关系的发展

亲子关系是指父母与子女的关系，也可包含隔代亲人的关系，主要包括父母与子女的情感联系以及父母的教养方式。亲子关系既是一种血缘关系，也是一种抚育关系和教养关系。

2）同伴关系的发展

同伴关系既是儿童与其他儿童之间的关系，也是年龄相同或相近的儿童之间的一种共同活动并相互协作的关系，具有平等、互惠的特点。

3）性别角色行为的发展

性别角色行为是人按照特定社会对男性和女性的期望而逐渐形成的行为，也就是"男人就应该像个男人，女人就应该像个女人，不论是在服装还是在行为举止方面都是如此"。

4）亲社会行为的发展

亲社会行为的发展是幼儿道德发展的核心问题。亲社会行为是指个体帮助或打算帮助他人的行为及倾向，具体包括分享、合作、谦让、援助等。

5）攻击性行为的发展

攻击性行为也称侵犯行为，是伤害他人或损坏东西的行为，如打人、咬人、故意损坏东西（不是出于好奇）、向他人挑衅、引起事端。攻击性行为是一种不受欢迎却经常发生的行为。

3 社会性发展对学前儿童发展的意义

随着社会的快速发展，当今社会对人的要求越来越高，不但需要具备广泛的科学知识、较强解决问题的能力，还要能够积极主动地适应周围环境，具有和谐的人际关系。在幼儿阶段就要重视他们的社会性发展，为以后适应社会打下坚实的基础。

1）通过促进儿童社会性实现儿童的健康全面发展

人的全面发展是教育的根本目标。人的全面发展包括人的实践活动、社会关系、各种需要、各种能力、潜能素质的全面发展，其中社会性发展是儿童身心健康全面发展的重要组成部分。人处在社会当中，只有积极广泛地参与社会交往活动，实现社会关系的全面发展，才能使人的主体性得到充分发挥，使人在良好的人际关系中和谐发展。

情商就是除了智力因素以外的一切内容，主要包括同情和关心他人、表达和理解感情、控制情绪、独立性、适应性、受人喜欢、解决人与人之间关系的能力、坚持不懈、友爱、善良及尊重他人。可以看出，情商指的就是人的社会性。因此，教育者就有责任培养儿童的情商，发展儿童的社会性。

2）幼儿期社会性发展是儿童未来发展的基础

幼儿社会性发展是未来人格发展的基础，幼儿期社会性发展直接影响着未来人格的方向和水平。这是由于幼儿期是儿童社会性发展的关键时期，幼儿期的社会认知、社会情感和社会行为已初步具有了个人特点。随着年龄的增长，这些稳定的特点在个人身上将进一步明确化、固定化，形成相应的人格特征。因此，对处在可塑阶段的学前儿童进行良好的社会性教育就显得尤为重要。

可以说，幼儿期儿童社会性发展的好坏将是以后儿童社会性发展的基础，并对儿童入学以后的学习、交往有非常大的影响。因此，幼儿期应该注重发展儿童的社会性，为儿童未来的发展奠定一个良好的基础。

课题二　　学前儿童的亲子交往

儿童出生以后，最初接触到的社会环境就是家庭环境，最初的社会交往就是亲子交往。心理学界早有定论：亲子交往在儿童身心健康发展中具有不可替代的作用。

亲子关系是指父母与其亲生子女、养子女或继子女之间的关系。亲子关系有狭义与广义之分。狭义的亲子关系是指儿童早期与父母的情感关系，即依恋，早期的亲子关系（依恋）是以后儿童建立同他人关系的基础，儿童早期亲子关系好，就比较容易跟其他人建立比较好的人际关系；广义的亲子关系是指父母与子女的相互作用方式，即父母的教养态度与方式，这种亲子关系直接影响到儿童个性品质的形成，是儿童人格发展的最重要影响因素。

1　依恋的发展

依恋是婴儿寻求并企图保持与另一个人亲密的身体和情感联系的一种倾向。它是儿童与父母相互作用过程中，在情感上逐渐形成的一种联结、纽带或持久的关系。

1）婴儿依恋发展的阶段

一般认为，婴儿与主要照料者（如母亲）的依恋大约在第六、七个月里形成。与此同时，对陌生人会开始出现害怕的表现，即俗话所说的"认生"。婴儿依恋的发展可以分为三个阶段：

（1）第一阶段（出生至3个月）

无差别社会性反应阶段。在此期间，婴儿对人的反应几乎都是一样的，哪怕是对一个精致的面具也会表示微笑。他们喜欢所有的人，最喜欢注视人的脸。见到人的面孔或听到人的声音就会微笑，以后还会咿呀"说话"。

（2）第二阶段（3~6个月）

有差别社会性反应阶段。这时期婴儿对母亲和他们所熟悉的人的反应与陌生人的反应有了区别，即"认生"出现。婴儿在熟悉的人面前表现出更多的微笑、啼哭和"咿咿呀呀"，对陌生人的反应明显减少，但依然存在这些反应。

（3）第三阶段（0.5~3岁）

特殊情感连接阶段。婴儿从六、七个月开始，对依恋对象的存在表现出密切的关注。当依恋对象离开时，就会哭喊，不让其离开；当依恋对象回来时，则会显得十分高兴。

2）婴儿依恋的类型

根据儿童和依恋对象关系的密切程度和交往的质量，儿童依恋存在不同的类型。一般情况下，可将儿童依恋行为分为三种类型：

（1）回避型

母亲（依恋对象）在场或不在场对这类儿童影响不大。母亲离开时，他们并无特别紧张或忧虑的表现。母亲回来了，他们往往也不予理会，有时也会欢迎母亲的到来，但只是暂时的，接近一下又走开了。这种儿童接受陌生人的安慰和接受母亲的安慰表现一样。实际上，这类儿童并未形成对人的依恋。所以，有的人把这类儿童称为"无依恋的儿童"。这种类型的儿童较少。

（2）安全型

这类儿童与母亲在一起时，能安逸地玩弄玩具，对陌生人的反应比较积极，并不总是偎依在母亲身旁。当母亲离开时，探索性行为会受影响，并明显地表现出苦恼。当母亲又回来时，他们会立即寻求与母亲的接触，但很快又平静下来，继续玩游戏。

（3）反抗型

这类儿童遇到母亲要离开之前，总显得很警惕，有点大惊小怪。如果母亲要离开他们，他们就会表现出极度的反抗，但是与母亲在一起时，又无法把母亲作为他安全探究的基地。这类儿童见到母亲回来时，就寻求与母亲的接触，但同时又反抗与母亲接触，甚至还有点发怒的样子。

3）早期依恋对儿童发展的作用

早期依恋对儿童发展的具有重要影响，主要表现在以下两方面：

（1）安全的依恋有助于提高儿童积极的探索能力

研究表明，早期安全型依恋的儿童在两岁时可以产生更多复杂的探索行为，儿童对事物产生积极的兴趣，主动去活动、探索。随着儿童年龄的发展，这种好奇心直接影响儿童解决问题的过程，使儿童表现出更高的持久性和愉快感，有助于问题的解决，但在不安全依恋的儿童身上却没有这种表现。

（2）婴儿期的依恋质量影响到儿童的同伴关系

研究证明，安全型依恋的儿童比不安全型依恋的儿童更容易接触，情绪比较愉快，牢骚少，攻击性低，具有更强的社会性适应能力和社会技能，他们的朋友也更多。

4）良好依恋的形成

（1）注意"母性敏感期"期间的母子接触

最佳依恋需要在"母性敏感期"发展儿童与母亲的接触。他们把正常医院条件下的母子接触和理想条件下的母子接触做比较。

资料10-1

医院的标准做法是：出生时，让母亲看一下儿童；10个小时后，儿童再在母亲身边稍留一会儿；然后，每隔4小时喂奶一次。理想条件是：出生后3小时起便有定时的母子（女）接触，在开始的3天里，每天另有5小时让母亲搂抱儿童。结果发现，理想条件下的儿童与母亲关系更密切，而且面对面注视的次数越多，后期依恋关系越好。

（2）尽量避免父母亲与儿童的长期分离

儿童与父母的长期分离会造成儿童的"分离焦虑"，影响儿童正常的心理发展。特别是6~8个月后的分离，会产生严重的影响，因为这个时期正是儿童与他人建立情感联系的关键时期。所以，不管存在什么样的困难，父母都要尽量自己负担起抚养、教育儿童的责任。

（3）父母与儿童保持身体接触

如抱抱儿童，适当和儿童一起玩耍。同时，父母亲在和儿童接触时要保持愉快的情绪，高高兴兴地和儿童玩。

（4）父母亲对儿童发出的信号及时做出反应

父母亲对儿童发出的信号要敏感地做出反应，要注意儿童的行为（如找人、哭闹等），并给予一定的关照。

2 亲子关系的类型对幼儿发展的影响

亲子关系通常分为专制型、民主型及放任型三种。不同的亲子关系类型对幼儿的影响不同。一般而言，民主型的亲子关系有益于幼儿个性的良好发展。

1）专制型

在专制型家庭里，父母给儿童的温暖、培养、同情较少，对儿童行为过多地干预和禁止，对儿童态度简单粗暴，甚至不通情理，不尊重儿童的需要，对儿童的合理要求不予满足，不支持儿童的爱好兴趣，更不允许儿童对父母的决定和规定有不同的表示。这类家庭中培养的儿童或变得驯服、缺乏生气，创造性受到压抑，无主动性，情绪不安，甚至带有神经质，不喜欢与同伴交往，忧虑、退缩、怀疑，或变得自我中心和胆大妄为，在家长面前和背后言行不一。

2）民主型

在民主型家庭里，父母对儿童是慈祥的、诚恳的，善于与儿童交流，支持儿童的正当要求，尊重儿童的需要，积极支持儿童的爱好、兴趣；同时对儿童有一定的控制，常对儿童提出明确而合理的要求，将控制、引导性的训练与积极鼓励儿童的自主性和独立性相结合。在这样的家庭中，父母与子女的关系融洽，儿童的独立性、主动性、自我控制、信心、探索性等方面发展较好。

3）放任型

在放任型家庭里，父母对儿童的态度一般关怀过度，百依百顺，宠爱娇惯；或是消极的，不关心、不信任，缺乏交谈，忽视他们的要求；或只看到他们的错误和缺点，对子女否定过多；或任其自然发展。这类家庭培养的儿童，往往具有好吃懒做、生活不能自理、胆小怯懦、蛮横胡闹、自私自利、没有礼貌、清高孤傲、自命不凡、害怕困难、意志薄弱、缺乏独立性等许多不良品质。

3 亲子交往的影响因素

1）家庭结构

我国现有的家庭结构形式主要有两种：一种是"核心家庭"，即父母和儿童两代人组成的家庭；另一种是"三代人家庭"，即儿童与祖父母或外祖父母一起生活。家庭结构对亲子关系的影响问题应做具体分析。比如，祖辈往往要避免对儿童采取娇惯的态度，如对儿童一切事务包办代替，无原则满足要求。父辈应注意教育儿童尊重老人，切忌在他们面前表现出育儿问题上的矛盾和冲突。

2）父母的婚姻关系、教养方式和自身素质

（1）婚姻关系

研究表明，和谐的婚姻关系和配偶支持与父母亲对儿童的抚养方式相关。经常争吵、挑剔（不和）对父母和儿童都会产生不良影响。父母之间的高度冲突与他们对儿童的消极情感相关联。离异家庭父母教育子女的适当性比完整家庭差，父母往往采取放任自流、不管不问的教育方式。

影响亲子关系的因素还有家庭规模（家庭人口数）与出生顺序（排行）。

（2）教养方式

脾气暴躁的人容易成为专断型的父母，对儿童发展抱有极高期望的父母往往采用高控制的教养方式。相反，脾气温和、性格平稳的父母比较容易接受儿童的行为和态度。如果对子女发展抱有较高期望，很可能成为权威型父母；如果对子女将来不抱太高希望的父母，可能放任儿童，表现出过分宽容的态度。

（3）自身素质

国外一些研究表明，父母是否参加工作，以及从事什么类型、性质的工作，对其与子女的交往关系乃至儿童的身心发展都有相当程度的影响。有工作，尤其从事知识性、层次较高工作的父母，在亲子交往中多采用引导、说理和鼓励的抚养方式，亲子间关系比较融洽，儿童成长也比较顺利。相反，

没有工作、家庭经济比较紧张，或者从事层次较低的体力工作的父母，在与儿童交往中容易缺乏耐心，多采用简单化的或者训斥、拒绝的教养态度，影响亲子关系和儿童发展。

3）儿童自身的发育水平和发展特点

每位儿童从新生儿期起就开始表现出独特的"个性"，有的安静、有的活跃、有的强壮、有的弱小等。这些气质、体质上的差异往往引起父母不同的抚养行为。如容易型的婴儿，常常对父母"笑脸相迎"，能对父母的爱抚做出积极响应，并少有哭闹，他们的父母一般倾向于对他们充满喜爱，反应积极，亲子之间交往机会较多，父母对儿童给予更多的注意和爱抚。另一种困难型的婴儿，经常哭闹，且很难平静下来，对父母的抚养行为缺乏积极的响应，他们的父母往往倾向于不满、抱怨，甚至责备、惩罚儿童，很少为他们提供积极、耐心的指导，亲子关系更容易紧张，父母控制、拒绝较多。儿童经常性的行为表现不仅决定着父母采取何种教养方式，而且可能使父母产生对儿童的某些"成见"，影响父母对子女将来发展的期望以及教育方法的运用。

4　亲子交往的引导

1）家长必须了解亲子交往的重要性

亲子交往在儿童社会性发展中的作用具有不可替代性。必须让家长认识到亲子关系与儿童发展的重要性，儿童与父母及整个家庭的关系是儿童与社会发生联系的一种基本形式。家庭是社会的细胞，良好家庭关系的营造对儿童社会性发展有着较大的影响，祖辈的爱和教师的爱不能代替父母的爱。父母对儿童要进行有意识的指导与教育，家长的思想观念、行为习惯和性格特征都有可能成为儿童潜移默化的教育资源，与儿童的社会性发展有直接或间接的关系。这种直接或间接的关系是通过家庭成员的共同活动建立的。父母应该与儿童共同生活，相互交往，互相合作，这样才能有效地促进儿童社会性的发展。

2）父母应该了解亲子交往的技巧

交往是一种发展亲子关系的手段，通过亲子交往达到建立亲密亲子关系的目的。父母必须具有与儿童交往的能力，还要培养学前儿童的交往能力，激发他们交往的需要，拓宽亲子关系的内容，提高亲子交往的质量。因此，父母应该了解亲子交往的技巧与方法。

（1）营造和谐的家庭氛围是建立良好亲子关系的"土壤"

家庭是亲子交往的最佳场所。父母为了儿童的健康成长，必须努力地去营造一个温馨的家庭氛围，这也是儿童良好性格形成的基本保证。有什么样的家庭氛围，就能培养什么样的儿童。和谐的、善良的家庭氛围，会培养出性情温和、善良的儿童；在不和谐家庭氛围中成长起来的儿童，性格上往往具有暴躁、敌对、不合群、孤僻、自私等特点。值得一提的是，在单亲家庭中，由于父母中一方的缺失，家庭氛围往往沉闷，少有快乐。所以，在单亲家庭儿童教育上，家长应充当起父母两种角色，多给儿童鼓励，支持儿童同其他儿童交往，培养儿童适应环境的能力；家长要以健康的心态来影响儿童，帮助儿童预防和克服自卑心理，使儿童逐步形成活泼向上的性格。

（2）家长角色的科学合理定位是提高亲子交往效能的关键

在亲子交往关系中，家长既是儿童的交往对象，又是儿童的导师；既是儿童交往时的朋友，也是儿童的支持者、指导者。通过观察、交谈、询问、抚爱等手段，了解学前儿童的各种需要，给予科学、合理的满足与引导。家长的角色十分重要，切忌以自己的需要代替儿童的需要。如家长想要儿童学钢琴，儿童本身又不愿意时，不能强迫他去学琴。

亲子交往可以分为三个层次：一是由自然人的需要而进行亲子交往，这是最初级的交往，如婴儿期的哺乳过程；二是单方面的主动、应答式交往，如在游戏或生活过程中，学前儿童（或父母）有疑问向父母（或学前儿童）询问时，询问者为单方面主动，而被询问者则是应答式，此时的亲子交往属于中等层次；三是亲子双方主动的交往，该交往属于高级交往，也是最具效能的亲子交往。随着学前儿童年龄的增加，他们对高级的亲子交往活动越来越感兴趣，家长要把握好这一时机，开展广泛的亲子交往活动。如在旅游、游戏、劳动、学习、购物、访友、看望亲人等活动中，家长应该有意识地、尽可能多地与儿童进行交往，以弥补与之接触时间少的缺陷，增进相互的情感。

3）克服不正确的家庭教养方式

心理学家曾对专制的父母、权威的父母和放任的父母三种不同的家庭教育环境与儿童社会能力间的相关性进行研究，得出的结论是，不同的家庭教养类型与儿童性格、情感、人际关系的形成、处事能力等均有明显的关系。

专制的父母要求儿童绝对遵循父母所订的规则，不鼓励儿童提问、探索、冒险及主动做事，较少对儿童表现温情，并严格执行对儿童的处罚。这种教养类型在多数情况下对父母而言可能更省事，但这种家庭的儿童从小缺乏思考的训练，又未从父母那儿得到温情，不懂得如何恰当地表达自己的情绪、想法，在人际关系或处事能力上，可能会碰到较多困难。因此，专制的父母为儿童规划所有的事，将儿童训练成听话的机器，这并不能帮儿童获取必要的知识技能，终究有不能包办儿童一切的时候，那时再放手就太迟了。

放任的父母不为儿童立任何规矩，无明确要求，奖惩不明，只给予儿童足够的温情，儿童没有长幼有序的观念，享有很大的自主权。这种类型的父母忽略了树立儿童尊重意识的教导，不能适时提供儿童为人处事的基本道理，使儿童较缺乏自制力。尤其对学龄前儿童来说，父母若不能在言语、行为上有所引导，那么，儿童犹如独自在汪洋大海中漂泊，不知该往何处，即使犯错也不自知。所以，给儿童这种自主，反而阻断了他学习做人的机会。因此，放任的父母是不负责任的父母，往往使儿童在面对挫折时无所适从。

权威的父母以合理、温和的态度对待儿童，站在引导和帮助的立场，设下合理的标准，并解释道理。他们既尊重儿童的自主性和独立性，又坚持自己的合理要求；既高度控制儿童，又积极鼓励儿童独立自主。因此，权威的父母才能培养儿童健全的人格，在这种家庭环境中长大的儿童，从小被尊重，又不乏父母的引导和要求，往往能成为独立而有自信的人。

课题三　学前儿童的同伴交往

1 学前儿童同伴关系发生发展的阶段

1）两岁前儿童同伴交往的发展

学前儿童同伴之间的交往最早可以在6个月的婴儿身上看到，这时的婴儿可以相互触摸和观望，甚至以哭泣来对其他婴儿的哭泣做出反应。6个月以后，婴儿之间交往的社会性逐渐加强。有报告表明，在家庭之外，12个月的儿童就开始对曾见过两三次面的其他儿童表现出更多的触摸。12～24个月的儿童开始在一起相互游戏，表现出初步的相互交往能力。有人对2岁以内儿童的同伴交往进行研究，并分成了三个发展阶段：

（1）物体中心阶段

这时儿童之间虽有相互作用，但他把大部分注意都指向玩具或物体，而不是指向其他儿童。

（2）简单相互作用阶段

儿童对同伴的行为能做出反应，并常常试图支配其他儿童的行为。例如，一个儿童坐在地上，另一个儿童转过来看他，挥挥手说了声"哒"，并继续看那个儿童。这样重复了3次，直到那个儿童笑了。以后，每说一声"哒"，那个儿童就笑一次，一直重复了12次。这位儿童的重复动作就是一种指向其他儿童的社会性交往行为。

（3）互补的相互作用阶段

这时会出现一些更复杂的社会性互动行为，对他人行为的模仿更常见，形成互动的或互补的角色关系，如"追赶者"和"逃跑者"、"躲藏者"和"寻找者"、"给予者"和"接受者"。这一阶段，当积极性的社会交往发生时，常伴有微笑、出声或其他恰当的积极性表情。

婴儿早期的社会性交往通常是积极的，到了1岁左右有近半数的同伴交往是攻击性、冲突性行为，如打架、揪头发、推人等行为。

2）幼儿游戏中同伴关系的发展

学前儿童之间绝大多数的社会性交往是在游戏情境中发生的。3岁后，幼儿同伴交往的发展特点主要表现为下列三种：

①3岁左右。儿童游戏中的交往主要是非社会性的，儿童以独自游戏或平行游戏为主，彼此之间没有联系。

②4岁左右。联系性游戏逐渐增多，并逐渐成为主要游戏形式。在游戏中，儿童彼此之间有一定的联系，如说笑和互借玩具，但这种联系是偶然的，没有组织的，彼此间的交往也不密切，这是儿童游戏中社会性交往发展的初级阶段。

③5岁以后。合作性游戏开始发展，同伴交往的主动性和协调性逐渐发展。

幼儿游戏中社会性交往水平最高的就是合作性游戏。在游戏中，幼儿分工合作，有共同的目的、计划。在游戏中，幼儿必须服从一定的指挥，遵守共同的规则，要互相协作、尊重、关心与帮助，大家一起为玩好游戏而努力，如角色游戏、规则游戏等。

幼儿期同伴交往主要是与同性别的儿童交往，而且随着年龄的增长，倾向越来越明显。女孩更明显地表现出交往的选择性，偏好更加固定。女孩游戏中的交往水平通常高于男孩，表现在女孩的合作游戏明显多于男孩，男孩对同伴的消极反应明显多于女孩。

2 影响学前儿童同伴关系发展的因素

对幼儿来说，影响同伴关系的主要因素有以下两方面：

1）外表

对年幼儿童来说，外表是影响同伴交往的一个明显因素。研究发现，3～5岁的儿童就能区分漂亮和不漂亮的儿童，并且对身体特点的判断基础与成人相同。幼儿园的儿童更喜欢和那些长得漂亮、穿戴漂亮、干净整齐的儿童玩。还有研究发现，漂亮对于女孩接纳同伴的影响比男孩更大。

2）社交技能

儿童在与同伴交往中的社会行为是影响同伴接纳程度的重要因素。从对不同类型男孩的同伴关系研究表明，受欢迎男孩的亲社会行为较多，而攻击性行为较少，他们帮助建立群体的准则和规范；被排斥的男孩是令人回避的、有攻击性的、过度活跃的；被忽视的男孩较少攻击性、少言寡语、较退缩。可见，在儿童的同伴交往中，儿童的主动性和交往的能力是影响同伴接纳性的主要因素。

此外，研究发现，影响儿童同伴交往的主要性格特点有是否友好、帮助、分享、合作、谦让，性子急慢，脾气大小，活泼程度，爱说话程度，胆子大小等。

3 学前期同伴关系中的问题儿童

在儿童间的交往中，有的儿童受同伴欢迎，有的较普通，还有一些儿童的交往却存在一些问题。这些存在交友困难的儿童可以分成两种：被忽视型儿童和被排斥型儿童。他们都具有各自的行为特点。

1）被忽视型儿童

他们一般体质弱、力气小、能力较差；积极行为与消极行为均较少，性格内向、慢性、好静、不太活泼、胆小、不爱说话、不爱交往，在交往中缺乏积极主动性且不善于交往；孤独感较重，对没有同伴与自己玩感到比较难过与不安。

2）被排斥型儿童

他们一般体质强、力气大、行为表现最消极、不友好、积极行为很少；能力较强、聪明、会玩、性格外向、脾气急躁、容易冲动、过于活泼好动、喜欢交往，在交往中积极、主动，但又很不善于交往；对自己的社交地位缺乏正确评价，往往估计过高，对没有朋友一起玩不太在乎。

在幼儿期，要尽量帮助那些交友困难的儿童，使他们逐渐被同伴接受。首先，要使他们了解受欢迎儿童的性格特点及自身存在的问题，帮助他们学习与他人友好相处。同时，教师要引导其他儿童发现这些儿童的长处，及时鼓励和表扬他们，提高他们在同伴心目中的地位，通过有效的教育活动达到促进儿童交往、改善同伴关系的目的。

课题四　　学前儿童的师幼交往

1 师幼交往概述

师幼交往是指在幼儿园中，教师与幼儿之间由于教育教学的需要而进行的交往活动。师幼关系就是在师幼交往过程中形成的比较稳定的人际关系，师幼关系不但影响着教育教学活动的过程和效果，对幼儿的学习和学校适应造成影响，而且还会通过与幼儿之间的情感交流和行为交往对幼儿自我意识、情绪情感等社会方面的发展产生重大影响。

师幼交往贯穿于幼儿生活的各个环节，是促进幼儿全面发展的关键因素，体现了教师内在的教育观念和教育能力。

《幼儿园教育指导纲要（试行）》中明确指出："教师应成为幼儿学习活动的支持者、合作者、引导者。"建立民主、平等、和谐、合作、互动的师幼关系是顺利开展教育教学的重要保证。由于幼儿行为能力、认知能力发展还不完善，对教师的依赖性还比较大，教师在幼儿的心目中处于十分重要的地位，因此，师幼交往是儿童在幼儿园生活中社会交往的重要内容，对其社会性发展具有决定作用。

2 良好师幼关系的构建

教师既是幼儿的老师，又是幼儿的朋友。良好的师幼关系既是教学活动宝贵的源泉，也是创造优良育人环境的润滑剂。

师幼关系既是幼儿与教师之间建立的关系，也是幼儿与教师一起创建的。和谐的师幼关系是高质量教学的基础和前提条件，能够为幼儿提供良好的学习氛围，也有助于幼儿身心素质的良好发展。建立信任、平等、亲密友好的师幼关系，能使幼儿感到安全、温暖、宽松、愉快，有利于幼儿的生活、学习和成长，还能使教育发挥出最大的效益和功能，促进幼儿全面发展。不和谐的师幼关系会对幼儿的身体和心理产生极大的负面影响，不仅使其精神上感到害怕、紧张，在身体上也会出现一些不良的症状。不和谐的师幼关系会使幼儿产生否定的内心感受与体验，会使幼儿情绪沮丧、低落，不利于学习活动的正常进行。

1）教师要创造良好的师幼交往氛围

幼儿在幼儿园里渴望得到同伴和教师的关爱，如果一个儿童能充分享受到教师的关爱，他就会心情愉悦、积极向上，幼儿园也就变成了他向往的地方。因此，教师应努力为幼儿营造爱的氛围，了解幼儿的生理和心理特点，懂得幼儿教育的规律，在对幼儿的态度、语言和交往上都体现出教师的关爱。此外，教师还要宽容幼儿，理解他们的内心感受。幼儿有着不同于成人的特点和需要，是独立的个体。在交往中，教师不要对他们提出超出年龄范围的过分要求。教师要对幼儿充满爱心，在人格上给予幼儿尊重，善于用各种适当的方法接触和引导幼儿，实现双向交流沟通。

2）师幼之间平等互动

教师必须将幼儿作为一个真正的"人"来看待，尊重幼儿，与幼儿建立平等的师幼关系，要信任、热爱幼儿，关注幼儿的所思所想，关注他们的需要和期望。教师要避免对幼儿控制过严，使幼儿完全处于被动地位。

尊重、理解幼儿，就需要教师将自己的地位放在与幼儿相同的水平线上，"蹲下来"听儿童说话、了解他们的思想，改变以往居高临下的态度，与幼儿保持平等、自然的关系，相处融洽，形成同伴、朋友型的师生关系，让幼儿感受到老师就像自己的伙伴一样。

幼儿是学习的主体，幼儿的能动主体作用是教育取得成功的决定性因素。没有幼儿主动的加工消化，没有幼儿的同化、顺应过程，单凭教师的灌输是无法实现教育目的的。师幼之间的平等互动可以激发幼儿活动的主动性，使他们积极投入各种活动中，接受教育。

3 注重师幼互动的技巧

1）与幼儿加强交流

教师要注重与幼儿进行眼睛的交流。眼睛是心灵的窗户，儿童纯真的心灵毫无保留地反映在他们的眼睛里。教师与幼儿随时随地进行的简单而真诚的目光交流会让教师更加及时地掌握儿童的情况，儿童也会感觉到老师关爱的目光，感觉自己受到重视。教师要重视与幼儿无声的交流与互动。教师对幼儿点点头、摸摸头、拍拍肩都可以传达特定的信息，这种方便、有效的沟通方式可以让师幼之间在情感沟通上保持默契。

2）与幼儿说悄悄话

用说"悄悄话"的方式和幼儿对话，教师将自己内心的喜、怒、哀、乐讲给对方听，可以让幼儿切身感受到老师对自己的信任，增强他们与教师交流的自信。在沟通中，教师要注意给幼儿表达、倾诉的机会，在幼儿诉说的时候，要认真倾听并做出适当的积极反应，适时地表示内心的接纳和给予适当的建议、帮助。教师以关爱的心和幼儿沟通，通常会有出乎意料的效果。

3）在游戏中与幼儿交流互动

在游戏和玩耍中，幼儿是放松、自由的。教师利用做游戏的机会与他们打成一片、玩在一起，用童心理解他们的世界，走进他们的生活。在游戏中，教师要敏锐地捕捉幼儿的闪光点，及时对他们进行肯定、鼓励，使幼儿在潜移默化中找到自己努力的方向，进而愉快、主动地活动，促进师幼间的情感交流。在游戏中，教师要善于引导幼儿对所认识的对象产生浓厚的兴趣，让幼儿产生主动的探索愿望和学习积极性。

4）给予幼儿正确的评价

幼儿的自我评价能力较差，他们很容易认同教师的评价，如果教师对幼儿的评价内容空泛、缺乏个性，会降低幼儿的自我效能感，容易使师幼关系变得肤浅。教师应该以发展的观点对幼儿进行正确的评价，通过表扬来增加幼儿的成功感。教师可以积极关注、激励幼儿的恰当行为，有意忽视和预防幼儿的不恰当行为。此外，教师要对能力强弱有别的幼儿一视同仁，给他们同等的表现机会，进行正面的评价和自信心的培养，为幼儿正确认识和评价自己奠定基础。

课题五　学前儿童的性别角色行为

儿童性别角色行为的发展是在对性别角色认识的基础上，逐渐形成较稳定的行为习惯的过程，这导致不同儿童在心理与行为上的性别差异。

1 性别角色与学前儿童的性别行为

1）性别角色

性别角色是社会对男性和女性在行为方式和态度上期望的总称。如在中国传统的社会观念中，男人就应该养家糊口，女人就应该做饭、看护儿童，这就是社会对男性和女性不同要求的反应。社会对男性和女性行为的要求可以表现在任何方面，大到社会分工、家庭分工，小到穿着打扮、言谈举止，处处都有一把无形的尺子在衡量着，也时时有一个框架在束缚着人们，使人自觉或不自觉地按照社会要求的行为方式去活动、交往，这就是性别角色的作用。性别角色的发展是以儿童性别概念的掌握为前提的，即只有当儿童知道男孩和女孩是不同的，才能进一步掌握男孩和女孩不同的行为标准。

2）性别行为

性别行为是男女儿童通过对同性别长者的模仿而形成的自身性别所特有的行为模式。性别角色属于一种社会规范对男性和女性行为的社会期望。男女两性是由遗传造成的，男女在家庭生活和社会生活中扮演什么角色，是从儿童时期起接受成人影响、教育的结果。

2 学前儿童性别角色发展的阶段与特点

儿童性别角色的发展经历了四个发展阶段，对学龄前儿童来说，主要经历了前三个阶段的发展。

1）第一阶段（2～3岁）：知道自己的性别，并初步掌握性别角色知识

儿童能区别出一个人是男性还是女性，就说明他已经具有了性别概念。儿童的性别概念包括两方面：一是对自己性别的认识，二是对他人性别的认识。儿童对他人性别的认识是从2岁开始的，但这时还不能准确说出自己是男孩还是女孩。2.5～3岁时，绝大多数儿童能准确说出自己的性别。同时，这个年龄的儿童已经有了一些关于性别角色的初步知识，如女孩要玩娃娃、男孩要玩汽车等。

2）第二阶段（3～4岁）：自我中心地认识性别角色

此阶段的儿童已经能明确分辨自己是男孩还是女孩，对性别角色的认识逐渐增多，如男孩和女孩在着装和游戏、玩具方面的不同等。但对三四岁的儿童来说，他们能接受各种与性别习惯不符的行为偏差，如认为男孩穿裙子也很好，几乎不会认为这是违反了常规。这说明她们对性别角色的认识还不明确，具有明显的自我中心的特点。

3）第三阶段（5～7岁）：刻板地认识性别角色

在前一阶段发展的基础上，儿童不仅对男孩和女孩在行为方面的区别认识越来越清楚，同时开始认识到一些与性别有关的心理因素，如男孩要胆大、勇敢、不能哭，女孩要文静、不能粗野等。但与儿童对其他方面的认识发展规律一样，他们对性别角色的认识也表现出刻板性。他们认为违反性别角色习惯是错误的，并会受到惩罚和嘲笑。如一个男孩玩娃娃就会遭到同性别儿童的反对，认为不符合男子汉的行为。

3 学前儿童性别行为发展的阶段与特点

1）性别行为的产生（两岁左右）

两岁左右是儿童性别行为初步产生的时期，具体体现在儿童的活动兴趣、选择同伴及社会性发展三方面。

例如，14～22个月的儿童中，通常男孩在所有玩具中更喜欢卡车和小汽车，女孩更喜欢玩具娃娃或柔软的玩具；儿童对同性别玩伴的偏好也出现得很早。在托幼机构中，两岁的女孩就表现出更喜欢与其他女孩玩，不喜欢跟吵吵闹闹的男孩玩；两岁时，女孩对父母和其他成人的要求就有了更多的遵从，男孩对父母要求的反应更趋向多样化。

2）幼儿性别行为的发展（3～7岁）

进入幼儿期后，儿童之间的性别角色差异日益稳定、明显，具体体现在以下方面：

（1）游戏活动兴趣

学龄前期，男女儿童在游戏活动中已经可以看到明显的差异。比如，男孩更喜欢有汽车参与的运动性、竞赛性游戏，女孩更喜欢"过家家"的角色游戏。

（2）选择同伴的性别倾向

3岁以后，儿童选择同性别伙伴的倾向日益明显。研究发现，3岁男孩会明显倾向于选择男孩而不选择女孩作为伙伴。在幼儿期，这种特点日趋明显。研究发现，男孩和女孩在同伴之间的相互作用方式也不相同。男孩之间有更多打闹，为玩具争斗，大声喊叫，大笑等行为；女孩很少有身体上的接触，更多通过规则协调。

（3）个性和社会性方面

幼儿期已经开始有了个性和社会性方面比较明显的性别差异，并且这种差异在不断发展。一项跨文化研究发现，在所有文化中，女孩早在3岁时就对照顾比她们小的婴儿感兴趣。还有研究显示，4岁女孩在独立能力、自控能力、关心人与物三个方面优于同龄男孩；6岁男孩的好奇心和情绪稳定性优于女孩，6岁女孩对人与物的关心优于男孩，6岁男孩的观察力优于女孩。

4　影响学前儿童性别角色行为的因素

人们普遍认为，男女两性行为上的差异是由以下两个方面的因素造成的：

1）生物因素

影响学前儿童性别行为的生物因素主要是性激素（荷尔蒙）。研究发现，胎儿期雄性激素过多的女孩，在抚养过程中虽然被按照女孩来养，但仍然具有典型的"假小子"特征。她们喜欢消耗较多精力的体育活动，如玩球。这种女孩在幼儿期也不喜欢玩娃娃。

2）父母的行为

（1）父母是儿童性别行为的引导者

在儿童还不知道自己的性别及应该具有什么样的行为之前，父母就已经开始对儿童性别行为的引导了。如儿童出生以后，大多数父母对儿童房间的布置、玩具的选择、衣服的式样与颜色的安排等，都是根据儿童的性别决定的。随着儿童年龄的增长，父母更加明显地用男孩或女孩的行为模式来约束自己的孩子，如男孩应该勇敢、像个男子汉，女孩应该温柔、文静等。父母的态度和行为直接引导着儿童朝着符合自己性别的行为方向发展。

（2）父母是儿童性别行为的模仿对象

儿童自从知道自己是男孩或女孩开始，一般就会把自己的同性别父母作为模仿对象。如小女孩就开始学着妈妈的样子给娃娃喂饭、拍娃娃睡觉等；男孩更容易看到爸爸做什么就学着做什么。

（3）父母对儿童性别行为的强化

父母对儿童性别行为的强化是儿童性别社会化的重要因素。有人发现，从儿童刚出生起，父母就用不同的方式对待男孩和女孩。例如，我国传统社会中，当女儿做出女性行为（如安静、不淘气）时，父母就会做出积极的反应；当女儿做出男性行为（淘气、爱活动）时，父母会做出消极的反应。父母的这种强化在儿童形成性别行为过程中起着重要作用，使他们（她们）逐渐形成符合自己性别的行为。

5　男女双性化与教育

在过去的很长时间里，人们重视的是性别定型化的问题，探讨男女性别的差异。一般说来，确认性别角色和相应的性别行为是儿童健康发展的一个重要方面。

近年来的研究表明，高水平的智力成就是同糅合两性品质的男女双性化相联系的，过分划分两性不同的作用会妨碍男女儿童的智力和心理发展。因此，适当淡化幼儿的性别角色和性别行为，对形成男女双性化性格是有利的。有人曾对幼儿期淡化性别角色的教育方式进行过这样的描述：给幼儿上课的既有女老师，也有男老师；积木区的玩具不但有汽车、动物等，也有洋娃娃及家庭用具；鼓励男女儿童都使用家务区和化妆区；鼓励男女儿童都使用登高设备；允许所有儿童在外表上表露自己的情绪；允许（虽然不鼓励）所有儿童都弄得很脏；教师一视同仁地处理吵架、发脾气或哭喊的儿童，而不考虑性别；教师尊重和鼓励独立自信的行为。作为家长和教师应该意识到，至少在学龄前期，淡化儿童的性别角色的教育对儿童的智力发展和性格发展是有益的。

课题六　　学前儿童的社会性行为

1 社会性行为的界定

社会性行为是人们在交往活动中对他人或某一事件表现出的态度、言语和行为反应。它在交往中产生，并指向交往中的另一方。

从某种意义上讲，社会性行为就是具体的交往行为，人们通过社会性行为来实现与他人的相互交往。然而，这种交往必须具备一个共同的社会范型，涉及语言、情感表达模式、文化习俗等诸多方面。例如，语言是很重要的社会交往的媒介，倘若彼此双方根本听不懂对方表达的是什么意思，那么这样的交往就是无效的，或根本无法相互交流。再有，情感表达模式也是如此，如果某个人的情感表达模式不是社会上通用的范型，如他的哭就是笑，他的笑就是哭，与别人正好相反，那么他与人交流起来会怎样呢？

根据动机和目的，社会性行为可以分为亲社会行为和反社会行为两大类。

亲社会行为又称积极的社会行为，是指一个人帮助或者打算帮助他人，做有益于他们的事的行为或倾向。儿童的亲社会行为主要表现为同情、关心、分享、合作、谦让、帮助、抚慰等。亲社会行为是人与人之间形成和维持良好关系的重要基础，是为人类社会所肯定和鼓励的积极行为。

反社会行为也称消极的社会行为，是指可能对他人或群体造成损害的行为或倾向。其中，最具代表性、在学前儿童中表现最突出的是攻击性行为，也称侵犯性行为，如推人、打人、抓人、骂人、破坏他人物品等。一旦形成侵犯性行为倾向，就很难矫治，而且还会影响到成年以后社会性的发展，这些行为或倾向不利于良好人际关系的形成，还会造成人与人之间的矛盾、冲突，长此以往，很有可能走向违法犯罪的道路。因此，在学前阶段应尽量避免儿童形成侵犯性行为倾向。

2 社会性行为的影响因素

学前儿童的社会性行为受诸多因素的影响，概括起来主要有生物性因素、家庭教育因素、社会文化因素等。这些因素彼此之间不是孤立的，学前儿童的社会性行为是在它们的共同作用下产生和发展的。

1）生物性因素

人类的社会性行为有一定的遗传基础。在漫长的生物进化历程中，人类为了维持自身的生存和发展，逐渐形成了一些亲社会性的反应模式和行为倾向，如微笑、合群性等。这些逐渐成为亲社会行为的遗传基础。人们在研究某些劳教人员犯罪原因的过程中发现，攻击性行为倾向与雄性激素的水平有关，而且男性在受到威胁或被激怒时，比女性更容易产生攻击性反应。同时，幼教研究结果也表明，男女儿童在攻击性上表现出显著的性别差异，男孩的攻击性行为明显多于女孩。另外，人的高级神经活动类型是与生俱来的生物性因素，由于它的不同，表现出不同的气质类型、不同的性格特征，并因此影响到人对现实的态度与交往的方式。研究者发现，胆汁质儿童的攻击性行为出现的频率远远高于黏液质的儿童。因此，气质也是影响社会性行为的重要因素。

2）家庭教育因素

根据社会学习理论，年龄较小的儿童经常由于父母、教师奖励亲社会行为而学会分享，表现出助人行为，所以在亲社会行为的社会化过程中，父母的直接教育对亲社会反应的强化起到重要作用。当年龄较小的儿童看到其他人的助人行为时，他们自己会有更多的亲社会行为，特别是看到父母、教师或其他受尊敬的人的亲社会行为，就更是如此。父母在日常生活中经常表现出这样的亲社会行为，而且也为儿童提供了这样做的机会，这样就更加有利于儿童亲社会行为的形成。因此，要想培养儿童的亲社会行为，家长必须率先垂范，为儿童做出亲社会行为的榜样，不仅要言传，而且还要身教。家长要营造一个和谐的家庭环境，让儿童感受到人与人之间平等、互助、尊重与友爱的关系。

3）社会文化环境因素

社会文化环境对儿童社会性行为的影响是潜移默化的。如发展中国家对合作和互相关心的行为比较崇尚，发达的西方国家更多地鼓励人与人之间的竞争和个人的独立奋斗。不同文化环境对社会性行为的不同态度，通过社会生活的方方面面影响成长中的儿童。尤其是大众传播媒介，如电影、电视、报纸、杂志等对儿童社会性行为倾向的形成具有十分重要的影响，它主要通过对社会文化和道德价值观传递影响人的社会性行为的形成。儿童更多地通过模仿其中人物的言行，日积月累，内化成自己的言行。因此，大众传媒的主流内容直接影响着儿童社会性行为的走向。有研究表明，如果儿童观看的动画片多是反映人与人之间互相仇恨、报复、枪战、决斗等含有暴力内容的情节，学前儿童在潜移默化中，攻击性行为会明显增多。如果儿童观看的动画片多是反映人与人之间互相关心、相互帮助等含有友善内容的情节，则能为儿童学习和巩固亲社会行为提供直观、生动的榜样，有助于儿童通过观察、模仿，习得亲社会行为。因此电视节目对儿童社会性行为的影响，既有积极的一面，也有消极的一面，成人必须对儿童观看电视节目内容的选择加以干预与引导。近些年来，国外引进的不少内容不健康的动画片已经给我国儿童社会性行为带来不小的负面作用，必须引起人们的高度重视。

3 学前儿童社会性行为的发展

1）亲社会行为

（1）亲社会行为的发生

儿童在出生后的第一年，就能通过多种方式表现出亲社会行为，尤其是同情、帮助、分享、谦让等利他行为。研究者发现，5个月婴儿已经开始有认生现象，对他们较熟悉的人发出微笑，对不熟悉的人表示拒绝。婴儿对前者那种积极性行为反应就是他们最初表现出的亲社会行为倾向。当婴儿看到别的儿童摔倒、受伤、生病、哭泣时，他们会加以关注，并表现出皱眉、伤心等，甚至会出现共鸣性情感表现。到了1岁左右时，他们还有可能对那些儿童做出一些积极的抚慰动作，如走过去站在他们身旁，或者拉对方的手，或轻拍，或抚摸一下对方受伤的地方等。在日常生活中，当家长为他们买回了好吃的食物时，婴儿会一边吃一边往大人嘴里放，此时已经表现出最初的分享行为。

在人生的第二年，儿童具备了各种基本的情绪体验，在一定的生活环境中越来越明显地表现出同情、分享和助人等利他行为。如在成人的教育下，他们把自己的玩具拿给别人玩，或者拿出一点食物分给别的幼儿吃。同时，他们开始按照成人所要求的规则，初步了解到什么是可以的、什么是不可以的，形成简单的道德规范。亲社会行为的出现与儿童自我意识的发展、社会认知能力的发展关系密切。由于3岁前儿童的自我意识尚处于萌芽状态，因此有人认为真正的亲社会行为是不可能出现的，此时所谓的亲社会行为更多停留在情绪反应层面或属于模仿性助人行为，而真正的亲社会行为如合作、分享等的出现一般要到幼儿时期。

（2）学前儿童亲社会行为的发展特点

随着年龄的增长、儿童生活范围的扩大和交往经验的增多，到了幼儿期，儿童的亲社会行为有了进一步发展。表现出以下特点：

①学前儿童的亲社会行为发展不存在性别差异。据王美芳、庞维国对学前在园儿童亲社会行为的观察研究表明：不论小班、中班还是大班儿童，在园亲社会行为均不存在性别差异。这与我国一些通

过家长、教师的评定来研究儿童的亲社会行为所得的结论不一致。这些研究认为，女孩的亲社会行为要多于男孩。他们认为，这一结论与人们传统的性别角色期待有密切的关系，一般的社会文化期待女孩更富有同情心、更敏感，因此应表现出更多的亲社会行为。教师、家长在对儿童的亲社会行为做出评定时，难免受性别角色期待的影响。但现实中儿童亲社会行为的性别差异可能比人们想象的要小。

②学前儿童的亲社会行为主要指向同伴，极少数指向教师。王美芳、庞维国的观察研究表明：学前儿童在园的亲社会行为中有88.7%是指向同伴，指向教师和无明确指向对象的亲社会行为较少，仅占6.5%、4.8%。其主要原因是，学前儿童的亲社会行为主要发生在自由活动时间。在自由活动时，儿童的交往对象基本上是同伴，而且同伴之间地位平等、能力接近、兴趣一致，因此他们有机会、有能力做出指向同伴的亲社会行为。儿童与教师之间是服从与权威、受教育者与教育者的关系。在儿童与教师的交往中，儿童一般是处于接受教育的地位，更多表现出遵从行为，较少有机会做出亲社会行为。因此，儿童的亲社会行为指向教师的也较少。

③学前儿童的亲社会行为指向同性伙伴和异性伙伴的次数存在年龄差异。在幼儿园小班，儿童的亲社会行为指向同性、异性伙伴的人次比较接近，这是由于小班儿童的性别角色、认知水平处于同一阶段，他们并不严格根据性别来选择交往对象。因此，他们的亲社会行为指向同性伙伴和异性伙伴的人次之间也就不存在明显差异。中班和大班儿童的亲社会行为指向同性伙伴的次数不断增多，指向异性伙伴的次数不断减少。这是由于从中班起，儿童的性别角色认知已相当稳定，他们开始更多地选择同性别儿童作为交往对象，因此他们的亲社会行为自然更多指向同性伙伴。学前儿童所做出的指向同伴的亲社会行为中，既有指向同性伙伴的亲社会行为，也有指向异性伙伴的亲社会行为。学前儿童的亲社会行为指向同性、异性伙伴的比例随着年龄的增长而变化。

④在学前儿童的亲社会行为中，合作行为最常见，其次为分享行为和助人行为，安慰行为和公德行为较少发生。大班幼儿的合作行为所占比例明显高于中班和小班。观察者发现，学前儿童的合作行为多为儿童间自发的合作性规则游戏。由于受心理发展水平的制约，小班幼儿的合作意识、自制能力较差，游戏多为无共同目的的玩耍，合作性的规则游戏较少；中班幼儿的合作意识、自制能力有一定发展，但还不稳定，他们之间的合作游戏有所增多；从大班起，随着儿童合作意识的不断提高，自制能力的不断增强，儿童之间的合作游戏迅速增多。

此外，研究者发现，学前儿童安慰行为和公德行为等亲社会行为发生较少的原因是这些行为没有得到及时的强化。因此，学前儿童进入幼儿园后，教师、同伴对其社会化发展起着重要作用，儿童不可能离开教育而自发成长为符合社会要求的、品德高尚的社会成员。

2）攻击性行为

儿童的攻击性是儿童社会性发展中一项非常重要的内容。攻击性行为是他人不愿接受的、出于故意或工具性目的的伤害行为，这种有意伤害包括直接的身体伤害、语言伤害和间接的心理伤害。攻击性行为在不同年龄阶段的儿童身上都会有或多或少的表现，一般表现为骂人、推人、打人、抓人、咬人、踢人、抢别人的东西等。

攻击性行为从意向性上可以分为两类：敌意攻击和工具性攻击。敌意攻击是有意伤害别人的行为，如一个男孩故意打一个女孩，惹她哭，这是敌意攻击；但如果男孩只是为了争夺女孩手中的玩具而打她，属于工具性攻击。从心理问题的严重程度来看，前者比后者要严重得多，更需要幼教工作者的关注和引导。

（1）攻击性行为的发生

儿童在1岁左右开始出现工具性攻击行为；到2岁左右，他们之间表现出一些明显的冲突，如打、推、踢、咬、扔东西等，其中绝大多数冲突是为了争夺物品，如玩具等，甚至有为争座位而发生的冲突。

（2）学前儿童攻击性行为的特点

到幼儿期，儿童的攻击性行为在频率、表现形式和性质上都发生了很大的变化，具有以下特点：

①学前儿童的攻击性行为有着非常明显的性别差异。观察者发现，男孩的攻击性行为普遍比女孩多，而且他们很容易在受到攻击后采取报复行为，女孩在受攻击时会表现为哭泣、退让，或向老师报告，较少采取报复行动。男孩还经常怂恿同伴采用攻击行为，或亲自加入同伴间的争斗。较大的男孩在与同伴发生冲突时，如果对方也是男孩，他们很容易发生攻击行为，但如果对方是女孩，他们采取攻击行为的可能性要小一些。

②中班幼儿的攻击性行为明显多于小班和大班幼儿。观察者发现：4岁前儿童攻击性行为的数量随着年龄增长，呈逐渐增多的态势；中班幼儿攻击性行为最多，但此后随着年龄的增长，其攻击性行为数量逐渐减少，尤其是儿童身上常见的无缘无故发脾气、扔东西、抓人、推开他人的行为会逐渐减少。

③学前儿童攻击性行为表现为以身体动作为主。观察者发现：儿童攻击性行为表现为以推、拉、踢、咬、抓等身体动作为主。小班的幼儿常常为争抢座位、玩具而出手抓人、打人、推人，甚至用整个身体去挤撞妨碍自己的人。到了中班，随着言语的逐步发展，开始逐渐增加言语的攻击。如在游戏中发生矛盾冲突时，幼儿常冲对方嚷嚷："你讨厌""我不跟你玩了"。当想得到小朋友的一件玩具而未果时，常会对对方说"你不给我玩，我也不让你玩""我不给你好吃的"。幼儿时期这种带有攻击性的语言在人际冲突中表现得越来越多，身体动作的攻击性行为逐渐减少。

④攻击性行为以工具性攻击行为为主。观察者发现：幼儿期以工具性攻击行为为主，儿童常为了玩具、活动材料或活动空间而争吵、打架。但是，随着年龄的增长，他们也会表现出敌意性的攻击行为，有时故意向自己不喜欢的小朋友说难听的话，或者在被他人无意伤害时有意骂人、打人、扔玩具等以示报复。

攻击性行为不仅会影响到儿童道德行为的发展，而且如果任其发展，并延续到青少年时期，就容易形成攻击性人格。这将严重影响儿童以后良好人际关系的形成和正常的社会交往，有的甚至还可能转化为犯罪行为。因此，家长和教师应做到以下方面：一是正确认识儿童的攻击性行为。由于整个心理水平、交往方式和自我控制的不成熟，儿童很容易因为玩具和物品而发生矛盾与冲突，产生攻击性行为。二是对儿童的攻击性行为应该有效地加以控制和引导。正确认识和分析儿童攻击性行为的性质，同时教给幼儿恰当的交往方式，特别是当自己的愿望、需要与他人发生矛盾冲突时，要注意控制自己，以积极、恰当的方式解决。

（3）学前儿童攻击性行为发展的特点

攻击性行为是一种以伤害他人或他物为目的的行为，幼儿期攻击行为的特点：

①幼儿攻击性行为频繁。其主要表现为，为了玩具和其他物品而争吵、打架，行为更多是直接争夺或破坏玩具或其他物品。

②幼儿更多依靠身体上的攻击，而不是言语的攻击。

③幼儿的攻击性行为有着明显的性别差异。男孩比女孩更容易在受到攻击以后发动报复行为，碰到对方是男性比对方是女性时更容易发生攻击性行为。

学前儿童心理发展学说

在学前教育的历史上，有很多学者对学前儿童心理的发展进行过研究，由于研究者的学术观点不同、观察问题的角度不同、思考和说明问题的方法不同、研究的侧重点不同、运用的研究方法不同，形成了不同的理论流派。

课题一　成熟势力说

成熟势力说强调儿童心理的发展取决于个体生理，尤其是神经系统的成熟。成熟支配着个体发展的每一个方面，包括所有能力的学习，甚至包括道德的发展。成熟势力说的代表人物是美国著名儿童心理学家和儿科医生格塞尔，他的理论被公认为属于遗传决定论的范畴。

1　成熟是影响儿童心理发展的决定性因素

作为一名医生，格塞尔曾经对儿童的神经运动发展做过长期的研究，受胚胎学研究的影响极深。格塞尔根据长期的临床经验和大量研究，认为儿童心理发展的过程是有规律、有顺序的一种发展模式，个体的身心发展都是按基因的顺序有次序、有规则地进行的。格塞尔把通过基因来指导发展过程的机制定义为成熟。个体的身心发展取决于个体的成熟程度，而个体的成熟取决于基因规定的顺序。对个体生理和心理的发展起决定作用的因素是生物学结构，而这个生物学结构的成熟取决于遗传的时间表。

在格塞尔看来，支配儿童心理发展的因素有两个，即成熟和学习。成熟是推动儿童发展的主要动力，没有足够的成熟就没有真正的变化。脱离了成熟的条件，学习本身并不能推动儿童心理发展。格塞尔认为在儿童心理发展过程中，成熟起着决定性的作用，成熟是发展的重要条件，是推动儿童心理发展的主要动力。

格塞尔认为，儿童的学习与成熟是分不开的。当个体的成熟程度不够时，教学就收不到应有的效果。只有当个体成熟到一定程度时，才能真正掌握学习的内容。学习的最终效果取决于成熟程度。因此，儿童的一切技能都是由成熟支配的，没有必要赶在遗传的时间表前面去教他们。

2　发展的原则

发展的原则是指生理和心理发展的基本趋势和规律。格塞尔经过大量的观察发现，无论是胎儿时期或是出生后的成长，儿童的发展都具有特定的方向性，总是遵循一个从头到脚（头尾法则）、从近到远（中心法则）、由粗大动作向精细动作发展的规律。但儿童的心理发展不是呈直线状的，而是呈上下波动趋势。也就是说，在某些阶段，儿童心理发展的质量较高；在另一些阶段，发展质量有所下降。发展具有波动性。

格塞尔认为，个体在发展过程中存在着一定的敏感期。他认为在此期内有针对性地对儿童施教会收到良好的效果。他还提出，儿童的成熟不完全是一个渐进的过程，而是从发展的一种水平向另一种水平的突然转变，这种变化不是随意性变化，而是类似周期性变化，周期的波峰与波谷受到不同时间的不同成熟机制的影响。

3 育儿观点

格塞尔及其同事曾向父母们提出忠告：尊重儿童的天性，是正确育儿的第一要义；学会欣赏儿童的成长，观察并享受每一周、每一月出现的发展新事实；不要老是想"下一步应发展什么了？"应该让儿童一道充分体验每一个发展阶段的乐趣；不要认为儿童成为怎样的人完全是你的责任，不要抓紧每一分钟去"教育"他；尊重儿童的实际水平，在尚未成熟时要耐心等待，不要违背儿童发展的自然规律，不要违背儿童发展的内在"时间表"。

虽然格塞尔把成熟作为儿童心理发展的决定性因素是一种片面的观点，但要求教育应尊重儿童的实际水平，在儿童尚未成熟之前要耐心等待，提出所有研究儿童和从事儿童教育工作的人应树立重视儿童成长规律的观点，对儿童心理发展的研究是有一定贡献的，引起了人们对个体成熟因素的重视，特别对于儿童年龄段的研究有重大的启示作用。

课题二　行为主义学说

行为主义产生于20世纪初的美国，一反传统心理学主张对人的意识进行研究的观点，行为主义主张心理学应该屏弃意识、意象等太多主观的东西，只研究所观察到的并能客观地加以测量的刺激和反应。

1 华生的环境决定论

华生，美国心理学家，行为主义心理学的真正创始人。

1）心理的本质

华生把有机体应付环境的一切活动称为行为，凡是能引起反应的因素都称为刺激，行为的基本要素是刺激与反应。华生认为，心理的本质是行为，心理学研究的对象不是意识而应该是可观察到的行为。华生受生理学家巴甫洛夫的动物学习研究的影响，认为一切行为都是刺激（S）—反应（R）的学习过程，公式表述为"S—R"。华生断言，一切行为的发生和变化都可以用"S—R"这个公式来解释。

2）遗传与环境在儿童心理发展中的作用

在遗传与环境的关系问题上，华生从"刺激—反应"的公式出发，夸大环境的作用，认为环境是儿童行为塑造和发展过程中影响最大的因素。儿童的行为是在环境刺激中学习而得，环境决定着儿童的行为。华生否认遗传的作用，片面强调环境对心理发展的影响，认为人的行为完全是由环境造成的，成为环境决定论的代表人物之一。

华生认为遗传只是决定人的身体结构，而不决定人的行为。人的行为无论多么复杂，都不过是对环境中一系列特定刺激的反应。儿童的行为是通过学习和训练而习得的，学习的决定因素是外部刺激，外部刺激是可以控制的，因此，人的行为也是可以控制的。给儿童什么样的训练，就可以把他们训练成什么样的人。华生从行为主义控制行为的目的出发，提出了闻名于世的一个论断："给我一些健全的婴儿和我可用以培养他们的特殊环境，我就可以保证随机选出其中任何一个，不论他的才能、倾向、本领和他父母的职业如何，我都可以把他训练成我所选定的任何类型的特殊人物：医生、律师、艺术家、大商人，甚至于乞丐、小偷！不过，请注意，当我从事这一实验时，我要亲自决定这些儿童的培养方法和环境。"

2 斯金纳的操作主义说

20世纪30年代后期，因受逻辑实证主义和操作主义思潮的影响，行为主义的发展进入了一个新的阶段，即所谓的"新行为主义"。其中，美国心理学家斯金纳由于主张彻底的行为主义而成为其中的代表人物。

斯金纳提出了行为学习的另一个模式：反应—强化—反应。这一模式与华生的"刺激—反应"模式相比，主要区别在于，华生认为有刺激就一定会有相应的反应（应答性反应）；操作主义则认为，外界刺激只是一个前提条件，不一定会连续引起反应。动物和人的一切行为，除应答性反应之外，还有一种操作反应，即动物和人在自己的活动中操作（控制）环境。一个动作的出现受到了肯定或否定，那么，这个动作就会加强或减退。在这个"反应—强化—反应"模式中，引起第一个反应的刺激往往是不被充分了解的，第二反应则是由于受到强化而被人自己控制的。心理学上称这种新模式为操作行为主义。

斯金纳认为，人的行为是由活动的结果决定的，活动结果对行为本身有重要影响，他将这种影响称为强化。强化比练习本身更重要，建立特定的强化是行为学习的关键。如学生认真看书，是因为认真看书能使学生得到一个好的考试成绩，于是，学生就从事看书这一活动。斯金纳不仅用这种理论解释和培养儿童的行为，而且还以此来解释儿童语言的获得。斯金纳进而认为，由于思维的行为是隐蔽的，心理学无法测量它，因此，思维在心理学中没有地位。

斯金纳通过大量实验，发现控制行为的因素主要有三种：

1）正强化

它是指如果某一行为能带来使行为者感到满足和愉快的东西，如金钱、食物、赞誉、爱等，行为者就会倾向于重复该行为。

2）负强化

它是指某一行为如果会消除行为者的厌恶和不快，如酷热、严寒、责骂等，行为者也会倾向于重复该行为。

3）惩罚

它是指如果某一行为使行为者不快乐，或使行为者感到快乐的东西会消失，行为者就会倾向于避免或终止该行为。

行为主义学说是一种具有广泛影响的理论。这种学说由于强调行为的客观测量，推动了心理实验的发展。又由于它强调环境对行为的决定意义，否认遗传的决定作用，因而对反对种族歧视、抨击遗传决定论具有一定的作用。这一学说总结出来的一系列学习的规律，具有一定的科学价值。在实践上，这个理论对培养儿童的良好习惯、纠正儿童的不良行为是有效的。尤其是斯金纳的操作主义，曾经掀起一场程序教学和机器教学的热潮。但是，由于行为主义学说否认意识，反对研究思维，因而它不可能真正揭示人的心理实质；由于它强调环境的决定作用，忽视了儿童作为主体在心理发展中的主动作用，因而具有一定的片面性。

课题三   认知发展学说

认知发展学说是瑞士著名发展心理学家皮亚杰所提出的，被公认为20世纪发展心理学中最权威的理论。

皮亚杰的认知发展理论摆脱了遗传和环境的争论与纠葛，旗帜鲜明地提出内因和外因相互作用的发展观，即心理发展是主体与客体相互作用的结果。

皮亚杰认为，心理既不是起源于先天的成熟，也不是起源于后天的经验，而是起源于动作，即动作是认识的源泉，是主客体相互作用的中介。最早的动作是与生俱来的无条件反射。儿童一出生就以多种无条件反射对外界的刺激做出反应，发出自己需求的信号，与周围环境相互作用。随之发展起来的各种活动与心理操作，都在儿童的心理发展中起着主体与环境相互作用的中介作用。

皮亚杰对影响儿童心理发展的各种要素进行了分析，归纳如下：

1 影响儿童心理发展的因素

1）成熟

成熟指的是机体的成长，特别是神经系统和内分泌系统的成熟。成熟的作用是给儿童心理发展提供可能性和必要条件。

2）物理环境

物理环境指的是"个体对物体做出动作中的练习和习得的经验"，包括两个方面：一方面是物理经验，即指个体作用于物体，认识物体大小、轻重、形状、凉热、软硬等特征；另一方面是逻辑数理经验，指的是个体作用于物体时，从自己的动作中概括出来的经验，这种经验不存在于物体的本身，皮亚杰十分重视这种经验。为了说明逻辑数理经验是怎么回事，皮亚杰举例，如一位儿童在玩石子，将石子排成一排，自左向右数是10个，然后，自右向左数，依然是10个。他甚至把石子排成圆圈从两个方向数，也都是10个，于是发现物体的总数与计数时的次序无关。对儿童来说，这就是一个重大的逻辑数理经验，这个经验（10个）不是石子本身的特性，而是儿童在计数的动作中得到的。皮亚杰认为，数理逻辑经验对于儿童来说是新的知识、新的构成结果。

3）社会环境

社会环境指的是儿童的教育、学习、训练等社会作用和社会传递。皮亚杰认为，社会环境产生的作用比物理环境更大，因为社会环境向儿童提供了一个现成的交际工具——语言，语言对儿童心理的发展有重大影响。

4）平衡化

平衡化指的是个体自我调节的过程。平衡既是发展中的因素，又是心理结构。没有平衡，就没有发展。平衡是一种内在的自我调节系统，负责协调成熟、物理环境和社会环境，是个体与外界相互调适的状态。通过不断的自我调节及动态的平衡，可使儿童的心理结构不断变化、发展。皮亚杰认为，平衡化是儿童心理发展的决定性因素。

2　认知发展的阶段

皮亚杰认为儿童的心理发展是一个连续构造的过程，呈现出一定的阶段性，并认为阶段的先后顺序是恒定不变的。依照儿童认知结构发展的水平，皮亚杰将儿童心理的发展划分为四个阶段。

1）感知运动阶段（0 ~ 2 岁）

这个阶段儿童的主要认知结构是感知运动图式，儿童最初只用天生的反射来适应环境。以后在外界影响下，他们逐渐有整合的动作反应，并开始协调感觉、知觉和动作间的共同活动。这一阶段儿童的认知发展主要是感觉、知觉和动作的分化，从对事物的被动反应发展到主动的探究。儿童通过他们的感觉和动作技能来探索周围的世界，其中，手的抓取和嘴的吮吸是他们探索世界的主要手段。这一阶段的儿童还不能用语言和抽象符号来命名事物。通过这一阶段，儿童从一个仅具有反射行为的个体逐渐发展成为对日常生活环境有初步了解的问题解决者。

2）前运算阶段（2 ~ 7 岁）

这一阶段儿童的各种感觉运动行为模式开始内化为表象模式，特别是由于语言的出现和发展，促使儿童日益频繁地用表象符号来代替或重现外界事物，因此出现了表象（形象）思维。在这一阶段，儿童能进行"延迟模仿"，即能模仿先前发生的动作。在这一阶段，儿童出现了"象征性游戏"，即能用一个物体去代替别的物体，或假装自己为某一个角色等。但这个阶段的儿童自我中心现象比较突出，在面对问题情境时，只会从自己的角度出发，不会考虑别人的不同看法。他们没有"守恒"概念，不能从本质上认识事物。皮亚杰对这一阶段的儿童做了大量的实验研究，充分揭示了这一阶段儿童思维的表象性和直觉性。

3）具体运算阶段（6 ~ 12 岁）

在这一阶段内，儿童的认知结构由前运算阶段的表象图式演化为运算图式。具体运算思维的特点是具有守恒性、脱中心性和可逆性。皮亚杰认为，该时期的心理操作着眼于抽象概念，属于运算性（逻辑性）的，但思维活动需要具体内容的支持。

4）形式运算思维（11 ~ 15 岁）

这一阶段的儿童逐步摆脱了具体事物的束缚，开始能够通过假设、演绎、推理等抽象的逻辑思维对命题进行逻辑运算。即这时的儿童能用抽象符号进行逻辑思维及命题运算，形成认知结构的整个体系，它属于儿童思维的高级形式。

皮亚杰是当代极有影响力的发展心理学家，他的认知理论不仅对心理学，而且对认识论的研究都有着巨大的贡献。他提出的儿童认知发展阶段论，在我们今天的儿童教育中，具有重要的指导意义。皮亚杰的认知发展学说是一个十分深奥和庞大的理论体系，不仅有独特的概念系统，而且有独创的研究方法，值得认真研究。

课题四　社会学习论

社会学习论的主要代表人物是美国著名的心理学家班杜拉。

早期社会学习理论是在行为主义学习理论的基础上建立起来的，特别重视"刺激—反应"的接近性原理和强化原理，也十分重视动物研究，试图从动物行为研究的模式推论人的社会行为模式。班杜拉在20世纪60年代，突破了传统的行为主义理论框架，从认知和行为联合起作用的观点出发解释人的学习行为。班杜拉通过大量的实验和临床行为矫正，建立了现代社会学习理论。

社会学习论是试图用心理学中的行为主义原理系统地解释人们社会行为的一种社会心理学说。按照社会学习论的理解，某一个体在某一确定情境下习得了某一行为，一旦他再遇到类似情境，会倾向于做出同样的行为。社会学习论具有以下几个特点：

1 三元交互决定论

它是指个体的行为、环境影响以及个体的认知、动机等内部因素三者相互联结、相互决定。这一过程涉及三个因素的交互作用而不是两因素之间的结合或者两因素之间的单向作用。

2 替代强化

行为主义理论强调行为的获得主要是通过直接的强化。社会学习论者通过大量研究发现，儿童的许多行为并未直接受到强化，而是在观察别人行为时，别人所受到的强化会影响儿童去学习或抑制这种行为，这个过程被称为间接强化或替代强化。如一位儿童看到别的儿童闯红灯时，受到了父母及周围人的斥责，那么这位儿童就可能不去学习这种闯红灯的行为。反过来，若闯红灯的行为受到鼓励与赞美，他就很可能想去试一试。在这种情况下，儿童本人既无行动，也未受到什么直接强化，但模式所受到的强化会影响儿童以后的行为，这正是替代强化的表现。

3 观察和模仿

班杜拉在实验研究中发现，儿童在观察范例的过程中，即使未受到外部强化或替代强化，仍能获得范例的行为。强化不影响行为的模仿而只能影响行为的出现率，行为的获得不是由强化决定，而是由观察决定的。比如说儿童平时观察电视、电影、电子游戏中的打斗情景，虽然未能直接地自发地加以模仿，但这并未阻止他们的无意识学习，只要遇到与影片中类似的情景，打斗行为就可能在实际生活中再现。

班杜拉认为，观察学习并不是机械地模仿或复制模式的行为。观察学习有两种：

1）直接的模仿和反模仿

它是指儿童受到模式的影响，即刻或以后在有利的环境条件下准确地复制模式行为，或者是儿童观察到模式的行为与结果，作为一种教训接受下来，以后用以提醒自己不准做这类事，这是直接的反模仿。模仿或反模仿并不限于某个具体行为，也可以是同一类行为。

2）抑制和抑制解除

如一位儿童上学第一天看到老师处分在课堂上调皮捣乱的同学，他以后也许就不敢迟到。这两种行为虽然表现不同，却属于同一类，即违背了学生守则。由此可见，第一位儿童的行为后果可以抑制第二位儿童产生同一类行为。同样，儿童看了有暴力倾向的影视片后，对亲人尤其是弟妹表现得不那么亲密了，常常发脾气、摔东西；这位儿童虽未有意地模仿影视里某角色的暴力行为，但自然而然地恢复了以前习得的同类行为。在这种情况下，原先受到抑制的攻击性行为已被解除抑制。

　　观察学习是一个复杂的过程，不是单纯地重演示范者的行为，而是在模式影响下，学习和回忆他所看到过的行为，经过对行为的抽象归类，然后指导自己的行动。

　　班杜拉的社会学习理论，从儿童个体的行为、认知以及儿童周围环境所提供的范型之间的相互关系上来强调儿童心理发展过程中，社会环境对儿童的影响作用。这对现在的学前儿童教育有重要的意义，特别是家庭、学校、社会该怎样创设一个有利于学前儿童成长的环境模型，如何让学前儿童在潜移默化中得到良好的发展，都极具参考价值。

参考文献

［1］陈帼眉.学前心理学[M].北京：北京师范大学出版社，2015.

［2］陈帼眉.学前心理学[M].2版.北京：人民教育出版社，2015.

［3］张丽丽，高乐国.学前儿童发展心理学[M].上海：华东师范大学出版社，2016.

［4］周念丽.学前儿童发展心理学[M].3版.上海：华东师范大学出版社，2014.